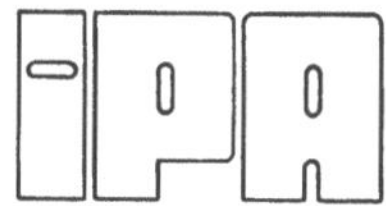

Forschung und Praxis · Band 41

**Berichte aus dem Fraunhofer-Institut
für Produktionstechnik und Automatisierung,
Stuttgart, und dem Institut
für Industrielle Fertigung und Fabrikbetrieb
der Universität Stuttgart**

Herausgeber: Prof. Dr.-Ing. H. J. Warnecke

Siegfried Häußermann

Planung von Mehrstellenarbeit unter Berücksichtigung von Umfeldaufgaben

Mit 59 Abbildungen

Springer-Verlag
Berlin Heidelberg New York 1980

Dipl.-Ing. Siegfried Häußermann

Fraunhofer-Institut für Produktionstechnik und Automatisierung (IPA), Stuttgart

Dr.-Ing. H. J. Warnecke

o. Professor an der Universität Stuttgart
Fraunhofer-Institut für Produktionstechnik und Automatisierung (IPA), Stuttgart

D 93

ISBN-13:978-3-540-10374-5   e-ISBN-13:978-3-642-81544-7
DOI: 10.1007/978-3-642-81544-7

Gesamtherstellung: Drucken + Werben GmbH · Löwenstraße 94 · 7000 Stuttgart 70 · Telefon (0711) 764959.

2362/3020—543210

Geleitwort des Herausgebers

Die Entwicklungen in der Produktionstechnik in den
letzten Jahrzehnten haben entscheidend zur positiven
wirtschaftlichen und sozialen Entwicklung in der
Bundesrepublik Deutschland beigetragen. Die Produktivi-
tät konnte jedes Jahr um durchschnittlich etwa 3,5 %
gesteigert werden. Mechanisierung und Automatisierung wurden und werden stetig weiter vorangetrieben.
Während es sich bisher jedoch um Verbesserungen an einzelnen Maschinen und Anlagen sowie Verfahren handelte,
werden heute alle Unternehmensbereiche erfaßt, und man
ist bemüht, das gesamte System Unternehmen bzw. Produktionsbetrieb zu optimieren. Das klassische Bemühen um
Optimierung des Einsatzes und Zusammenwirkens der Pro-
duktionsfaktoren Mensch, Maschine und Material muß heute
erweitert werden um die Berücksichtigung sozialer Belange,
gesetzlicher Auflagen, Probleme der Energieversorgung,
schnellen Veränderungen an den Produkten und auf den
Märkten sowie Sicherung der Qualität und der Lieferfähig-
keit.

Von wissenschaftlicher Seite wird und muß dieses Bemühen
unterstützt werden durch die Entwicklung von Methoden
und Vorgehensweisen zur systematischen Analyse und Ver-
besserung des Systems Produktionsbetrieb. Hier ist heute
insbesondere auch der Fertigungsingenieur gefordert,
nicht nur einzelne Maschinen und Verfahren zu beherrschen,
sondern das gesamte komplexe System hinsichtlich der Verknüpfung seiner Elemente durch zweckmäßigen Informations-
und Materialfluß. Beispielhaft seien dazu nur hinsichtlich des Informationsflusses die heute gegebenen Möglichkeiten der Datenerfassung und -verarbeitung in Fertigungsplanung und -steuerung, an den einzelnen

Produktionsanlagen sowie im Qualitätswesen genannt.
Im Materialfluß geht es um richtige Auswahl und Einsatz von Fördermitteln, Förderhilfsmitteln sowie Anordnung und Ausstattung von Lägern. Der weiteren Automatisierung in der Handhabung von Werkstücken und
Werkzeugen sowie der Montage von Produkten wird in
nächster Zukunft allergrößte Aufmerksamkeit geschenkt
werden. Leistungsfähige Sensoren werden die Möglichkeiten dafür sehr stark vergrößern.

Die beiden vom Herausgeber geleiteten Institute, das
Institut für Industrielle Fertigung und Fabrikbetrieb
der Universität Stuttgart sowie das Fraunhofer-Institut
für Produktionstechnik und Automatisierung in Stuttgart,
arbeiten in grundlegender und angewandter Forschung
intensiv an den aufgezeigten Entwicklungen in der Produktionstechnik mit. Zur Umsetzung gewonnener Erkenntnisse wird die Schriftenreihe "IPA Forschung und Praxis"
herausgegeben. Der vorliegende Band setzt diese Reihe
fort, eine Übersicht über bisher erschienene Titel wird
am Schluß dieses Bandes gegeben.

Dem Verfasser sei für die geleistete Arbeit gedankt,
dem Springer-Verlag für die Aufnahme dieser Schriftenreihe in seine Angebotspalette und der Druckerei für
saubere und zügige Ausführung. Möge das Buch von der
Fachwelt gut aufgenommen werden.

Hans-Jürgen Warnecke

<u>Vorwort</u>

Die vorliegende Dissertation entstand während meiner Tätigkeit
am Fraunhofer-Institut für Produktionstechnik und Automatisierung (IPA) in Stuttgart.

Herrn Prof. Dr.-Ing. H.J. Warnecke, dem Leiter dieses Institutes,
danke ich für seine großzügige Unterstützung und Förderung
dieser Arbeit sowie für seine stete Gesprächsbereitschaft.

Mein Dank gilt auch Herrn Prof. DTech. h.c. Dipl.-Ing.
K. Tuffentsammer für die eingehende Durchsicht der Arbeit und
die sich daraus ergebenden Hinweise.

Allen Mitarbeitern und Kollegen der Abteilung "Arbeitswirtschaft"
des IPA, die durch kritische Hinweise und ständige
Diskussionsbereitschaft zum Gelingen der Arbeit beigetragen
haben, möchte ich ebenfalls danken. Dieser Dank gilt besonders
den Herren Dipl.-Math. H.P. Bartenschlager, Dipl.-Ing. J. Schilde,
Dipl.-Ing. H. Vähning.

Für die Unterstützung bei der Lösung programmtechnischer
Probleme möchte ich mich des weiteren bei den Herren
Programmierer W. Hersmann und Dipl.-Ing. R. Struckmann
bedanken.

Stuttgart, Januar 1980   Siegfried Häußermann

INHALTSVERZEICHNIS

Seite

SCHRIFTTUMSVERZEICHNIS   13

ABKÜRZUNGEN, FORMELZEICHEN UND EINHEITEN   18

SPEZIFIKATIONEN FÜR DIE FLUSSDIAGRAMME UND DAS PROGRAMMSYSTEM SIMEMA   20

1   EINLEITUNG UND ZIELSETZUNG   24

1.1   Problemstellung   24

1.2   Stand der Erkenntnisse   26

1.3   Aufgabenstellung   28

2   GRUNDLAGEN DER MEHRSTELLENARBEIT   31

2.1   Definition der Mehrstellenarbeit   31

2.2   Relevante Zeitarten zur Bestimmung von Mehrmaschinenarbeit   31

2.3   Arten der Mehrmaschinenarbeit   33

2.4   Bedeutung der Mehrmaschinenarbeit   35

2.5   Mehrmaschinenarbeit als Beitrag zur Arbeitsstrukturierung   36

3   PLANUNG VON MEHRMASCHINENARBEIT   39

3.1   Einflußgrößen auf die Mehrmaschinenarbeit   39

3.1.1   Technisch-organisatorische Einflußgrößen   39

3.1.2   Kostenrelevante Einflußgrößen   41

3.2   Ablauf der Planung von Mehrmaschinenarbeit   42

3.2.1   Analyse des Maschinenparks und der Aufträge   42

3.2.2   Konzeption alternativer Systeme   46

3.2.3   Ermittlung der Systemgrößen   46

3.2.4   Auswahl des optimalen Systems   47

3.2.5   Feinplanung   47

3.3   Verfahren zur Ermittlung der Systemgrößen bei Mehrmaschinenarbeit   48

3.3.1   Herkömmliche Verfahren der industriellen Praxis   48

3.3.1.1   Graphisches Verfahren   49

3.3.1.2   Tabellarisches Verfahren   50

3.3.1.3   Rechnerisches Verfahren   50

3.3.1.4   Funktionales Verfahren   51

Seite

3.3.2	Mathematisches Verfahren	52
3.3.2.1	Warteschlangentheorie	52
3.3.2.2	Simulation	54
3.3.3	Zusammenfassung der Kritik an den Verfahren	54
3.4	Möglichkeiten zur Rationalisierung bei der Planung von Mehrmaschinenarbeit	56
4	ANFORDERUNGEN AN EIN MODELL ZUR SIMULATION VON MEHRMASCHINENARBEIT	59
4.1	Allgemeines	59
4.2	Umfeldaufgaben	60
4.3	Berücksichtigung unterschiedlicher Betriebsmittel	62
4.4	Bedienstrategie	62
4.5	Maschinenbedienung in Einzel- oder Gruppenarbeit	65
4.6	Berücksichtigung von Wegzeiten	66
4.7	Berücksichtigung von Störungen	67
4.7.1	Stördauer und Störabstand	67
4.7.2	Organisation der Störungsbeseitigung	69
4.8	Kostenrechnung	71
4.8.1	Lohnkosten	72
4.8.2	Betriebsmittelkosten	74
5	MODELL UND PROGRAMMSYSTEM ZUR SIMULATION VON MEHRMASCHINENARBEIT	76
5.1	Aufbau des Programmsystems	76
5.1.1	Grobablauf des Programmsystems	76
5.1.2	EDV-technische Anforderungen an das Programmsystem	78
5.1.3	Programmstruktur	79
5.2	Beschreibung der wichtigsten Programmodule und ihrer Algorithmen	81
5.2.1	Eingabe der Daten in den Rechner	81
5.2.2	Erzeugung eines Ausgangszustandes	83
5.2.3	Auswahl des als nächstes tätig werdenden Maschinenarbeiters	85
5.2.4	Auswahl des als nächstes zu bedienenden Betriebsmittels	85
5.2.4.1	Auswahlforderung nach dem Prinzip "first come-first served"	85

Seite

5.2.4.2	Auswahlordnung nach vorgegebenen Prioritäten	86
5.2.5	Berechnung der Brach- und Wartezeiten	87
5.2.6	Bedienung des Betriebsmittels durch den Maschinenarbeiter	89
5.2.7	Rüsten der Betriebsmittel	91
5.2.7.1	Rüsten der Betriebsmittel durch einen Einrichter	91
5.2.7.2	Rüsten der Betriebsmittel durch die Maschinenarbeiter	93
5.2.8	Berechnung der Kosten	95
5.2.8.1	Berechnung der Stückkosten	95
5.2.8.2	Differenzrechnung	96
5.2.9	Ausgabe der Ergebnisse	98
5.3	Generierung von Zufallszahlen	100
5.3.1	Einsatz der Zufallszahlen zur Generierung von Stördauer und Störabstand	100
5.3.2	Einsatz der Zufallszahlen zur Generierung von Prozeß- und Verrichtungszeiten	100
5.3.3	Test des Zufallszahlengenerators	101
6	EINGABEDATEN UND PROGRAMMDIMENSIONIERUNG	102
6.1	Ermittlung und Aufbereitung der Eingabedaten	102
6.1.1	Deterministische Mehrmaschinenarbeit	102
6.1.2	Stochastische Mehrmaschinenarbeit	103
6.2	Rechenaufwand und Programmdimensionierung	104
7	MIT DEM PROGRAMMSYSTEM SIMEMA BEARBEITETE PLANUNGSFÄLLE	106
7.1	Planung einer deterministischen Mehrmaschinenarbeit	106
7.1.1	Planungsaufgabe	106
7.1.2	Analyse des Maschinenparks und der Aufträge	107
7.1.3	Konzeption alternativer Systeme	107
7.1.4	Ermittlung der Systemgrößen	108
7.1.5	Auswahl des optimalen Systems	110
7.2	Planung einer stochastischen Mehrmaschinenarbeit	111
7.2.1	Planungsaufgabe	111
7.2.2	Analyse des Maschinenparks und der Aufträge	111
7.2.3	Konzeption alternativer Systeme	112

		Seite
7.2.4	Ermittlung der Systemgrößen	113
7.2.5	Auswahl des optimalen Systems	115
8	WIRTSCHAFTLICHKEITSBETRACHTUNG DER RECHNER-GESTÜTZTEN PLANUNG MIT HILFE DES PROGRAMM-SYSTEMS SIMEMA	116
8.1	Planungszeiten und -kosten	116
8.2	Systemeinführungs- und Systempflegekosten	117
8.3	Anteilige Rechnerkosten	118
8.4	Zusammenfassung und Gegenüberstellung der Kosten	119
8.5	Nicht quantifizierbare Vorteile des Programmsystems "SIMEMA"	120
9	ZUSAMMENFASSUNG	122
	ANHANG	
A 1	Ergänzungen zur Beschreibung des Programmsystems SIMEMA	125
A 1.1	Programmanlauf	125
A 1.2	Maschinenstörung	126
A 1.3	Aufbereiten der Ergebnisse	127
A 2	Rechnerprotokoll	129
A 2.1	Eingangsdaten	129
A 2.2	Ergebnisse	131
A 3	Test des eingesetzten Zufallszahlengenerators	134

SCHRIFTTUMSVERZEICHNIS

/1/ Weil, R.:
Veränderung der Arbeitswelt durch neue Führungs-, Organisations- und
Arbeitsstrukturen (1).
REFA Nachrichten 29 (1976) Nr. 3, S. 131 - 144.

/2/ Klein, L.:
Die Entwicklung neuer Formen der Arbeitsorganisation.
Göttingen: Ott-Schwarz & Co. 1975.

/3/ o.V.:
Arbeitsverdienste in der Industrie und Handel.
Wiesbaden: Statistisches Bundesamt 1978.

/4/ o.V.:
Entwicklung der EDV-Anlagekosten.
Unveröffentlichte Untersuchung der Siemens AG.
München: Siemens AG 1976.

/5/ Lederer, K.G.:
Fertigungssteuerung bei flexiblen Arbeitsstrukturen.
Dissertation TU Stuttgart 1977.

/6/ Köberl, G.:
Arbeitsplanverwaltung mit Hilfe der EDV als Baustein eines
integrierten Datenerfassungs- und Verarbeitungsprogrammes.
Industrial Engineering 2 (1972) Nr. 4, S. 193 - 203.

/7/ Tuffentsammer, K.; Ruoff, F.; Wolf, M.; Lueg, H.:
Vorgabezeitermittlung und Arbeitsplanerstellung im Dialog
mit dem Rechner.
TZ für prakt. Metallbearbeitung 71 (1977) Nr. 10, S. 49 - 52.

/8/ Hirschbach, O.:
Rechnerunterstützte Montageplanerstellung.
Dissertation TH Karlsruhe 1978.

/9/ Häußermann, S.:
Arbeitsorganisation und Arbeitsgestaltung in der Teilefertigung.
Die Arbeitsvorbereitung 15 (1978) Nr. 4, S. 99 - 104.

/10/ Tietböhl, G.:

Ein Beitrag zur Planung und Projektierung der Mehrmaschinenbedienung
unter besonderer Berücksichtigung ökonomischer Einflußgrößen.
Dissertation TH Rostock 1975.

/11/ Winkler, A.:

Mehrstellenarbeit.
München: Carl Hanser Verlag 1963.

/12/ Palm, C.:

Der Einsatz der Arbeitskräfte bei Mehrmaschinenbedienung.
Ablauf- und Planungsforschung 6 (1965) Nr. 2, S. 281 - 305.

/13/ Ashcroft, H.:

The Productivity of Several Machines under the care of one Operator.
Journal of the Royal Statistical Society; Serie B 12 (1950).

/14/ Weinberg, F.:

Grundlagen der Wahrscheinlichkeitsrechnung und Statistik sowie Anwendung im Operations Research.
Berlin/Heidelberg/New York: Springer Verlag 1968.

/15/ Malcolm, D.G.:

System Simulation - A Fundamental Tool for Industrial Engineering.
Journal of Industrial Engineering 9 (1958) Nr. 3, S. 177 - 187.

/16/ Giesen, F.:

Untersuchung über die Anwendbarkeit der Simulationstechnik auf die
Ermittlung optimaler Fertigungsbedingungen bei Mehrstellenarbeit.
Dissertation ETH Zürich 1966.

/17/ Conway, R.W.; Maxwell, W.L.; Sampson, M.W.:

On the Cyclic Servicing of Semiautomatic Machines.
Journal of Industrial Engineering 13 (1962) Nr. 2, S. 105 - 107.

/18/ Hediger, P.; Ebner, M.:

Simulationstechnik als Entscheidungshife für die Mehrmaschinenbedienung.
Fertigung 7 (1976) Nr. 5, S. 149 - 155.

/19/ Burgess, A.R.:

Comments on "Simulation in the Application of Wage Incentives to
Multiple Machines".
Journal of Industrial Engineering 13 (1962) Nr. 4, S. 264 - 267.

/20/ Frotscher:
Ein Simulationsmodell für den Reparaturdienst.
Schriftreihe Datenverarbeitung.
Köln - Obladen 1968, S. 125 - 169.

/21/ Johnson, H.J.; Smith, S.:
Simulation in the Application of Wage Incentives to Multiple
Machines.
Journal of Industrial Engineering 16 (1961) Nr. 4, S. 428 - 430.

/22/ Fuchs, D.:
Bestimmung der fertigungskostenminimalen Arbeiterzahl bei Mehr-
maschinenarbeit.
Dissertation TU Karlsruhe 1975.

/23/ REFA:
Methodenlehre des Arbeitsstudiums Teil 2, Datenermittlung.
München: Carl Hanser Verlag 1973.

/24/ Warnecke, H.J.; Häußermann, S.; Lederer, K.G.:
Höhere Flexibilität und Leistung in Montage und Teilefertigung.
Management Zeitschrift IO 47 (1978) Nr. 1, S. 58 - 63.

/25/ Häußermann, S.; Dobler, G.; Maser, H.:
Mehrmaschinenarbeit. Ein Leitfaden für die mittelständische Industrie
zur Einführung von Mehrmaschinenarbeit.
Frankfurt: RKW 1976.

/26/ Häußermann, S.; Dobler, G.:
Voraussetzungen und Einflußgrößen bei der Einführung von
Mehrmaschinenarbeit.
Industrieanzeiger 98 (1976) Nr. 86, S. 1531 - 1532.

/27/ Wegrad, J.; Seppelt, H./
Gestaltung von Arbeitsplätzen bei Mehrmaschinenbedienung.
Fertigungstechnik und Betrieb 26 (1976) Nr. 2, S. 78 - 81.

/28/ Metzger, H.:
Planung und Bewertung von Arbeitssystemen in der Montage.
Dissertation TU Stuttgart 1977.

/29/ Zangemeister, C.:
Nutzwertanalyse in der Systemtechnik.
München: Wittemannsche Buchhandlung 1973.

/30/ Wedekind, E.:
Untersuchungen zur Bestimmung der optimalen Arbeitsplatzgröße
bei Mehrstuhlarbeit in Webereien.
Forschungsbericht des Landes Nordrhein-Westfalen Nr. 197
Köln/Opladen 1955.

/31/ Enderlein, H.:
Modell zur Gestaltung von Mehrstellenarbeit.
Fertigung und Betrieb 23 (1973) Nr. 4, S. 199 - 203.

/32/ Lehmann, S.:
Beitrag zur Anwendung der Warteschlangentheorie bei Mehr-
maschinenarbeit.
Forschungsbericht des Landes Nordrhein-Westfalen Nr. 1961
Köln/Opladen 1968.

/33/ Krüger, S.:
Simulation - Grundlagen, Techniken, Anwendungen.
Berlin/New York: Walter de Gruyter 1975.

/34/ o.V.:
Mehrstellenarbeit in der Textilindustrie.
Frankfurt/Main: Arbeitgeberverband Gesamttextil 1973.

/35/ REFA:
Seminarunterlagen des REFA Sonderseminars Mehrstellenarbeit.
Darmstadt: REFA 1975.

/36/ Dellmann, K.:
Die Bestimmung optimaler Bediensysteme bei Mehrmaschinenarbeit.
Köln/Berlin/Bonn/München: Carl Heymanns Verlag KG 1971.

/37/ Bürk, G.:
Statistische Gesetzmäßigkeiten von Ausfallzeiten und Arbeits-
intervallen an Fertigungsmaschinen.
Aus: Bussmann, K. und Mertens, P.: Operations Research und Daten-
verarbeitung bei der Instandhaltungsplanung.
Stuttgart: Poeschel 1968.

/38/ REFA:
Methodenlehre des Arbeitsstudiums Teil 3, Kostenrechnung und
Arbeitsgestaltung.
München: Carl Hanser Verlag 1973.

/39/ Warnecke, H.J.; Bullinger, H.J.; Hichert, R.:
Kostenrechnung für Ingenieure.
München: Carl Hanser Verlag 1978.

/40/ Göltenboth, H.:
Personalkostensenkung und Steigerung der Anlagennutzung
durch Nutzungsprämien.
REFA-Nachrichten 25 (1972) Nr. 2, S. 111 - 122.

/41/ Kern, H.; Metzger, H.:
Vereinfachte Fertigungskostenrechnung für den Werkzeugma-
schinenvergleich.
werkzeugmaschine international 4 (1974) Nr.4,S.45-49

/42/ o.V.:
DIN 66027 Programmiersprache FORTRAN.
Berlin/Köln/Frankfurt: Beuth Verlag.

/43/ Sachs, L.:
Angewandte Statistik
Berlin/Heidelberg/New York: Springer Verlag 1974.

/44/ Storm, R.:
Wahrscheinlichkeitsrechnung.
Leipzig: VEB-Fachbuchverlag (1976).

/45/ Struckmann, R.:
Ermittlung alternativer Fertigungsstrukturen in einer
automatisierten Dreherei.
Stuttgart: Diplomarbeit am Institut für Industrielle Fertigung
und Fabrikbetrieb TU Stuttgart 1978.

/46/ Biethahn, J.:
Ergebnisse der Anwendung verschiedener Tests auf
bestehende Zufallszahlengeneratoren
Angewandte Informatik 18 (1976) Nr. 10, S. 419 - 428.

ABKÜRZUNGEN

Zeichen	Bedeutung
EDV	Elektronische Datenverarbeitung
ER	Einrichter
MA	Mitarbeiter (Mitarbeiter im System)
MB	Maschinenbediener/Maschinenarbeiter
MMA	Mehrmaschinenarbeit
MMAS	Mehrmaschinenarbeitssystem
SIMEMA	Simulationsprogramm zur Planung von Mehr-Maschinenarbeit

FORMELZEICHEN UND EINHEITEN

Zeichen	Einheit	Bedeutung
K	DM	Fertigungskosten (Arbeitskosten je BM)
K_B	DM	Entgangener Deckungsbeitrag durch Brachzeit je BM
K_{BM}	DM	Betriebsmittelkosten
k_{ED}	DM/h	Entgangener Deckungsbeitrag je BM
$k_{ED,\,GS}$	DM/h	Entgangener Deckungsbeitrag Gesamtsystem
K_{es}	DM	Kostenersparnis je Planungsfall
k_{GS}	DM/Stück	Fertigungsstückkosten (Arbeitsstückkosten) durchschnittlich Gesamtsystem
K_{GS}	DM	Fertigungskosten (Arbeitskosten) Gesamtsystem
K_L	DM	Lohnkosten
$K_{L,\,GS}$	DM	Lohnkosten Gesamtsystem
$K_{pl,\,k}$	DM	Planungskosten konventionell
$K_{pl,\,s}$	DM	Planungskosten mit SIMEMA
K_r	DM	Rechenkosten
K_s	DM	anteilige Systemeinführungs- und Pflegekosten
K_{se}	DM	Systemeinführungskosten

Symbol	Einheit	Benennung
k_{ST}	DM/Stück	Fertigungsstückkosten (Arbeitsstückkosten)
k_{sp}	DM/Jahr	Systempflegekosten
K_W	DM	Entgangener Deckungsbeitrag durch Wartezeit je BM
L	DM/min	Lohnkostensatz
L_A	DM/min	Akkordbasis
L_{ER}	DM/min	Lohnkostensatz Einrichter
l_g	-	Leistungsgrad
L_{GL}	DM/min	Grundlohnkostensatz
L_{MB}	DM/min	Lohnkostensatz Maschinenbediener
m	-	Maschinenzahl
m_A	1/Jahr	Anzahl Anwendungsfälle
M_{fix}	DM/min	Maschinenminutensatz fix
M_{var}	DM/min	Maschinenminutensatz variabel
n	Stück	Stückzahl
n_A	Jahre	Systemnutzungsdauer
n_{MA}	-	Mitarbeiterzahl im System
n_G	Stück/Jahr	Grenzstückzahl
P	-	Prämiensatz
s	-	Stellenordnung
T	min	Arbeitszeitdauer
t_b	min	Brachzeit - Betriebsmittel
t_{er}	min	Erholzeit - Mensch
T_{ER}	min	Einrichterzeit am Betriebsmittel
t_n	min	Nebennutzungszeit
$t_{ns(i,j)}$	min	Nebennutzungszeit Teile i oder j Teile oder Zeitabschnitte
t_{PT}	min	Prozeßzeit - Betriebsmittel
t_r	min	Rüstzeit - Betriebsmittel
t_s	min	Störzeit - Betriebsmittel
t_{sa}	min	Störabstand zwischen zwei Störungen

t_{tr}	min	Rüstzeit - Mensch
t_{ts}	min	Störzeit - Mensch
t_{tv}	min	Grundverrichtungszeit
T_{tv}	min	Verrichtungszeiten an Maschine i insgesamt
$t_{tvp}\,(1,i,j)$	min	Verrichtungszeit bei produzierenden Betriebsmitteln je Teil bzw. alle i oder j Teile oder Zeitabschnitte
$t_{tvs}(i,j)$	min	Verrichtungszeit bei stehendem Betriebsmittel alle i oder j Teile oder Zeitabschnitte
t_v	min	Verteilzeit - Mensch
t_{vB}	min	Verteilzeit - Betriebsmittel
T_{VR}	min	Vorrüstzeit
t_w	min	Wartezeit - Mensch
T_w	min	Wartezeit anteilig an Maschine i
t_{weg}	min	Wegzeit
T_{weg}	min	Wegzeiten Maschine i
t_{ws}	min	Wartezeit auf Reparaturpersonal
t_z	%	Zeitzuschlag für Erholzeit, Verteilzeit o.ä.
z	%	Zinssatz
Z	–	gleichverteilte Zufallszahl

<u>SPEZIFIKATIONEN FÜR DIE FLUSSDIAGRAMME UND DAS PROGRAMMSYSTEM SIMEMA</u>

<u>Name</u>	<u>Einheit</u>	<u>Art</u>	<u>Benennung</u>
A		Feld	Verteilungsfaktor
ALFA		Feld	Kennzahl
AUOPT		Unterprogramm	UP zur Auswahl des kostenoptimalen Arbeitssystems
B		Feld	Verteilungsfaktor
DATEN		Unterprogramm	Unterprogramm zur Generierung von Zeiten

Symbol	Einheit	Typ	Bedeutung
EDB		Unter-programm	Unterprogramm zur Ermittlung des entgangenen Deckungsbeitrages
DRUCK		Unter-programm	Unterprogramm zum Drucken von Ergebnissen
EINDAT		Unter-programm	Unterprogramm zum Ausdrucken der Eingabedaten
ETA		Feld	Kennzahl
ETAGS		Variable	Kennzahl
FIFO		Unter-programm	Unterprogramm zur Betriebsmittel-auswahl (first come-first served)
FREMD		Unter-programm	Unterprogramm für das Rüsten durch Einrichter
I		Variable	Zähler
ISO		Feld	Kennzahl
J		Variable	Zähler
K		Variable	Zähler
KBM	DM	Feld	Betriebsmittelkosten
KEDI	DM	Feld	Entgangener Deckungsbeitrag
KEDB	DM	Feld	Entgangener Deckungsbeitrag durch Brachzeit
KED	DM	Variable	Entgangener Deckungsbeitrag Gesamtsystem
KEDW	DM	Feld	Entgangener Deckungsbeitrag durch Wartezeiten
KGS	DM	Variable	Gesamtkosten
KGSS	DM/Stk	Variable	Stückkosten durchschnittlich
KL	DM	Feld	Lohn- und Lohnnebenkosten
KOST	DM	Feld	Fertigungs- oder Arbeits-kosten je BM
KS	DM/Stk	Feld	Stückkosten je Betriebsmittel
LER	DM/min	Variable	Lohnkostensatz Einrichter
LMB	DM/min	Variable	Lohnkostensatz Maschinenbediener
LOSGR		Unter-programm	Unterprogramm zur Generierung einer Losgröße
MAWAHL		Unter-programm	Unterprogramm Maschinenbedie-nerwahl
MFIX	DM/min	Feld	Maschinenminutensatz fix
MSW		Feld	Kennzahl je Betriebsmittel
MVAR	DM/min	Feld	Maschinenminutensatz variabel
NEUDAT		Unter-programm	Unterprogramm zur Generierung neuer Auftragszeiten bei stocha-stischer Mehrmaschinenarbeit

NSTBM	Stück	Feld	Stückzahl je Betriebsmittel
PBM		Variable	Variable zur Zwischenspeicherung
PRI		Feld	Prioritätskennzahl
PRIORI		Variable	Variable zur Zwischenspeicherung
PRORI		Unter-programm	Unterprogramm zur Betriebsmittel-auswahl (Priorität)
READDL		Unter-programm	Unterprogramm zum Einlesen der Losgrößen- und Rüstzeitvertei-lungen sowie Generierung erster Werte je Betriebsmittel
READDS		Unter-programm	Unterprogramm zum Einlesen der Daten bei deterministischer Mehr-maschinenarbeit
READS		Unter-programm	Unterprogramm zum Einlesen der Daten bei stochastischer Mehr-maschinenarbeit
RUEST		Unter-programm	Unterprogramm zur Steuerung der Rüsttätigkeiten
SELBST		Unter-programm	Unterprogramm für das Rüsten durch Maschinenbediener
STKOST		Unter-programm	Unterprogramm zur Ermittlung der Stückkosten
SUTBBM	min	Feld	Brachzeitsumme je Betriebsmittel
SUTEB	min	Feld	Rüstzeitsumme je Einrichter
SUTH	min	Feld	Hauptzeitsumme je Betriebsmittel
SUTN	min	Feld	Nebenzeitsumme je Betriebsmittel
SUTR	min	Feld	Rüstzeitsumme je Betriebsmittel
SUTS	min	Feld	Störzeitsumme je Betriebsmittel
SUTVP	min	Feld	Verrichtungszeitsumme am produz. Betriebsmittel
SUTVR	min	Feld	Vorrüstzeitsumme je Einrichter
SUTVS	min	Feld	Verrichtungszeitsumme je Betriebs-mittel (stehendes Betriebsmittel)
SUTW	min	Feld	Wartezeitsumme je Bediener
SUTWER	min	Feld	Wartezeitsumme je Einrichter
SUTWST	min	Feld	Instandsetzungs- und Wartezeit-summe je Betriebsmittel
SUVR	min	Feld	Vorrüstzeitsumme je Betriebsmittel
T	min	Variable	Zeit
TBBM	min	Variable	Variable zur Zwischenspeicherung der momentanen Brachzeit
TBM	min	Feld	fortlaufende Betriebsmittelzeit je Betriebsmittel

ER	min	Feld	fortlaufende Einrichterzeit je Einrichter
G	min	Feld	Wegzeiten
H	min	Feld	Hauptzeit
MA	min	Feld	fortlaufende Bedienerzeit je Bediener
MR	min	Feld	Rüstzeitsumme je Bediener
MVR	min	Feld	Vorrüstzeitsumme je Bediener
N	min	Feld	Nebenzeit
NUA	min	Feld	Nutzungsabstand zwischen zwei Störungen
PRI	min	Variable	Entscheidungszeitpunkt für Prioritätenbedienung
R	min	Feld	Rüstzeit
S	min	Feld	Störzeit
SSCHW	min	Feld	Schwellwert zur Störungsbeseitigung
T	min	Feld	Tätigkeitszeit
VORR	min	Variable	Zeitschranke für Prioritätenbedienung
VP	min	Feld	Verrichtungszeit bei produz. Betriebsmittel
VR	min	Feld	Vorrüstzeit
VS	min	Feld	Verrichtungszeit bei stehendem Betriebsmittel
W	min	Variable	Variable zur Zwischenspeicherung der momentanen Wartezeit
WER	min	Feld	momentane Brachzeit des Einrichters
WST	min	Variable	Wartezeit auf Instandsetzung
AR		Variable	Variable zur Zwischenspeicherung
UFALL		Unterprogramm	Unterprogramm zur Generierung von Zufallszahlen

1   EINLEITUNG UND ZIELSETZUNG

1.1   Problemstellung

Vornehmlich zunehmende Personalkosten bei gleichzeitig reduzierten
effektiven Arbeitszeiten zwangen die Fertigungsbetriebe zu einer
kontinuierlichen Rationalisierung. Der Schwerpunkt der Rationalisierungsbemühungen lag dabei in der Entwicklung und Einführung
leistungsfähiger und automatisierter Fertigungseinrichtungen.

Die wirtschaftliche Nutzung und der optimale Einsatz dieser
Fertigungsanlagen hängt in starkem Maße von der Leistungsfähigkeit der Arbeitsplanung der Unternehmen ab.

Zu den durch den Absatzmarkt verursachten Rationalisierungs-
erfordernissen wurden in der jüngsten Vergangenheit auch
Forderungen des Arbeitsmarktes - wie die der Planung nach flexiblen Arbeitsstrukturen - an die Arbeitsplaner herangetragen.
Diese flexiblen Arbeitsstrukturen sollen den Arbeitskräften mehr
Handlungs- und Entscheidungsraum bieten, Arbeitserweiterung
und Arbeitsbereicherung sowie auch mehr Personalflexibilität
ermöglichen /1, 2/.

Dieser sich ständig erweiternde Aufgabenkatalog und der damit
verbundene Zuwachs an zu verarbeitendem Datenvolumen haben dazu geführt, daß die Arbeitsplanung immer mehr zum Engpaß im
Produktionsablauf wird.

Der Ablauf der konventionellen Arbeitsplanung besteht heute zu
einem großen Teil aus Routinetätigkeiten wie der Vorgabezeitermittlung, so daß dem Planer in der Regel zu wenig Zeit für die
Bearbeitung von kreativen Aufgaben wie der Arbeitssystemgestaltung
bleibt. Rationalisierungsbemühungen sind deshalb verstärkt auf
dem Gebiet der Arbeitsplanung anzusetzen.

Ansatzpunkte hierzu bietet die Systematisierung von Planungsabläufen. Dazu gehören insbesondere die Bereitstellung von Planungsmethoden und Planungshilfsmitteln. Ausgehend von systema-

tisierten Planungsabläufen ist zu untersuchen, inwieweit zur
weiteren Rationalisierung die EDV eingesetzt werden kann. Mit
Hilfe der EDV können - sofern dem Ablauf ein Algorithmus zugrunde liegt - große Datenmengen schnell und wirtschaftlich
verarbeitet werden. Der Arbeitsplaner wird, zumindest teilweise,
von den oft zeitraubenden Routinetätigkeiten entlastet und kann
sich vermehrt kreativen Tätigkeiten widmen.

Begünstigt wird der Einsatz von EDV zudem durch steigende Lohn-
und Lohnnebenkosten einerseits und durch das besser werdende
Preis-Leistungsverhältnis von EDV-Anlagen andererseits. So
sind von 1960 bis 1978 die Lohnkosten auf ca. 530 % gestiegen
/3/ und die EDV-Anlagenkosten bei gleicher Leistung von 1960
bis 1978 auf ca. 16 % gesunken /4/.

Mit der fortschreitenden Entwicklung des Dialogverkehrs zwischen
Mensch und Rechner bieten sich neue Möglichkeiten des EDV-Einsatzes an. Es können auch solche Planungsaufgaben angegangen
werden, die früher wegen zwischengeschalteter kreativer Tätigkeitsabschnitte nicht oder nur bedingt mit Hilfe des Rechners
durchgeführt werden konnten.

Ausgehend von den dargelegten Überlegungen, wurden in den letzten
Jahren Rechnerprogramme auf den Gebieten der Fertigungssteuerung
/5/, der Arbeitsplanverwaltung /6/ und in jüngster Vergangenheit
der EDV-unterstützten Arbeitsplanerstellung /7,8/ entwickelt.

Im Bereich der Planung von Mehrstellenarbeit, die mit zunehmender Mechanisierung und Automatisierung der Betriebsmittel an
Bedeutung gewann, ist bis heute jedoch weder eine hinreichende Systematisierung des Planungsprozesses vorgenommen worden noch sind
praxisnahe Hilfsmittel unter Berücksichtigung eines EDV-Einsatzes
entwickelt worden.

Dabei ist die Planung von Mehrstellenarbeit - synonym hierzu
Mehrmaschinenarbeit - und die mit ihr verbundene Ermittlung der
optimalen Maschinen- und Mitarbeiterzahl für ein Mehrstellen-
arbeitssystem von wirtschaftlicher Bedeutung.

Mit zunehmender Automatisierung der Maschinen steigen die Anschaffungskosten und damit die Maschinenstundensätze. Die Kosten, die durch Wartezeiten der Bedienpersonen und die, die durch Mehrstellenarbeit bedingte Brachzeiten entstehen, müssen einander gegenübergestellt werden. Es ist Aufgabe der Fertigungsplanung, durch das Zusammenfassen geeigneter Maschinen, die Auswahl eines passenden Teilespektrums sowie die Ermittlung der optimalen Maschinen- und Mitarbeiterzahl die Fertigungskosten zu minimieren.

1.2   Stand der Erkenntnisse

Den bis heute zur Verfügung stehenden Methoden und Hilfsmitteln zur Feststellung, wann Mehrstellenarbeit möglich und zweckmäßig ist (vgl. /10/) und wieviel Betriebsmittel von einem oder von einer Gruppe von Maschinenarbeitern zu bedienen sind (vgl. /10, 11/), liegen manuelle Vorgehensweisen zugrunde. Mit der Entwicklung von mathematischen Methoden wurden in /12,13/ erste Ansätze beschrieben, die die Ermittlung der fertigungskostenoptimalen Maschinen- bzw. Maschinenarbeiterzahl bei Mehrstellenarbeit auf Basis der Wahrscheinlichkeitstheorie zum Ziele hatten. Weiter entwickelten Weinberg /14/ und Malcolm /15/ Modelle zur Ermittlung der Systemgrößen Mensch-Maschine bei Mehrstellenarbeit mit Hilfe der manuellen Simulationstechnik unter Einbeziehung von Verteilungsfunktionen und Zufallszahlen. Aufbauend auf diesen Modellen wurden eine Reihe weiterer Modelle entwickelt, die die Vorteile der EDV nutzen. Eine Übersicht über Modelle zur Bestimmung der Mehrstellenarbeit mit Hilfe mathematischer Methoden zeigt <u>Bild</u> 1.

Bei den in den Arbeiten von /13, 14/ sowie den von /16, 17, 18/ entwickelten Modellen handelt es sich um sogenannte Einkanalmodelle. Diesen Einkanalmodellen liegt eine Einzelarbeit- d.h. ein Maschinenarbeiter bedient n Stellen - zugrunde. In den Arbeiten von /12, 15/ und den von /19, 20, 21, 22/ beschriebenen sogenannten Mehrkanalmodellen können mehrere Maschinenarbeiter im System tätig sein. Bei den von Palm /12/ und Burgess /19/ vorgestellten Modellen wird davon ausgegangen, daß alle sich im System befindlichen Maschinen gleichartig und mit gleichen Teilen

MODELL		Basis	Berechnungs-hilfsmittel	Programmier-sprache	Kooperations-form	Bedien-strategie	Eingabe-variablen	Zielgröße
PALM	/12/	Warte-schlangen-theorie	—	—	Gruppenarbeit	first come first served	Maschinen-bediener-zahl	—
ASHCROFT	/13/	Warte-schlangen-theorie	—	—	Einzelarbeit	first come first served	Maschinen-zahl	Fertigungskosten
WEINBERG	/14/	Simulations-technik	—	—	Einzelarbeit	Reihum-bedienung	Maschinen-zahl	Fertigungskosten
MALCOLM	/15/	Simulations-technik	—	—	Gruppenarbeit	first come first served	Maschinen-bediener-zahl	Fertigungskosten
GIESSEN	/16/	Simulations-technik	EDV	SPS	Einzelarbeit	Reihum-bedienung	Maschinen-zahl	Fertigungskosten
CONWAY u. a.	/17/	Simulations-technik	EDV	ALGOL	Einzelarbeit	Reihum-bedienung	Maschinen-zahl	Wartezeit und Nutzungsgrad
HEDIGER; EBNER	/18/	Simulations-technik	EDV	FORTRAN	Einzelarbeit	—	—	Fertigungskosten
BURGESS	/19/	Simulations-technik	EDV	FORTRAN	Gruppenarbeit	first come first served	Maschinen-zahl und bedingt Maschinen-bedienerzahl	—
FROTSCHER	/20/	Simulations-technik	EDV	unbekannt	Gruppenarbeit	first come first served	Maschinen-zahl und bedingt Maschinen-bedienerzahl	Wartezeit und Nutzungsgrad
JOHNSEN; SMITH	/21/	Simulations-technik	EDV	unbekannt	Gruppenarbeit	first come first served	Maschinen-zahl und bedingt Maschinen-bedienerzahl	Fertigungskosten
FUCHS	/22/	Simulations-technik	EDV	GPSS 1100	Gruppenarbeit	eingeschränkte Prioritäts-bedienung	Maschinen-bediener-zahl	Fertigungskosten

Bild 1: Gegenüberstellung der wichtigsten Modelle zur Bestimmung der Systemgrößen Mensch-Maschine bei Mehrmaschinenarbeit

belegt sind. Dies ist in der industriellen Praixs jedoch selten
der Fall.

Den Arbeiten von /12, 16, 19/ liegt die Vereinfachung von exponential-
verteilten Maschinenbedienzeiten und denen von /13, 15/ die von
ausschließlich konstanten Haupt- und Nebenzeiten zugrunde. In dem
von Fuchs /22/ entwickelten Modell kann nur die Zahl der Mitarbeiter variiert werden. Das zu dem Modell entwickelte Programm
ist in der problemorientierten Simulationssprache GPSS 1100
geschrieben und auf einer UNIVAC 1108 einsetzbar.

Ein gewichtiger Nachteil aller bis heute bekannten Modelle ist,
daß in diesen nur Betriebsmittelhauptzeiten und Betriebsmittel-
nebenzeiten berücksichtigt werden können. Von den Maschinen-

arbeitern durchzuführende Umfeldaufgaben während der Hauptnutzung
wie Überwachung des Anschnittes, Prüfen eines zuvor gefertigten
Teiles, können in den vorhandenen Modellen ebensowenig berücksichtigt werden wie Tätigkeiten bei Maschinenstillstand, z.B. Werk-
zeugwechsel etc.

Die Möglichkeit zur Einbeziehung von zusätzlichen Tätigkeiten,
Störungen und betrieblichen Randbedingungen wie die Auslastung
einzelner Maschinen sind jedoch für ein praxisgerechtes Modell
zur Simulation von Mehrstellenarbeit von großer Bedeutung. Dies
gilt ebenso für die Beurteilung der Wirtschaftlichkeit und der
zeitlichen Mitarbeiterbelastung eines Arbeitssystems. Die oben
beschriebenen, teilweise stark vereinfachenden Modelle führten
meist zu globalen und oftmals falschen Ergebnissen, so daß diese
in der Praxis nur beschränkt Verwendung fanden.

1.3   Aufgabenstellung

Stellt man die Problemstellung dem Erkenntnisstand gegenüber,
so liegt nahe, ein Modell und Programmsystem zu entwickeln,
mit dem Mehrstellenarbeitssysteme praxisgerecht abgebildet
und ihre Brachzeiten, Wartezeiten und Tätigkeitszeiten sowie die
entstehenden Kosten aufgezeigt werden können. Das Modell soll
die Mängel derzeitiger Systeme ausschließen und den Forderungen
der Praxis nach einer hinreichend genauen Tätigkeits- und
Prozeßabbildung gerecht werden. Eine einfache Handhabung ist für
eine Anwendung in der Praxis unumgänglich.

Zur Lösung obiger Aufgabenstellung sind deshalb im Rahmen
dieser Arbeit in einem ersten Schritt die Grundlagen sowie die
relevanten Einflußgrößen der Mehrstellenarbeit und ein
systematischer Planungsablauf zu erarbeiten. Aufbauend hierauf
ist ein Modell zu entwickeln, das in Abhängigkeit von den
Systemgrößen Maschinenzahl sowie Mitarbeiterzahl und der Aufgaben-
verteilung in Mehrstellenarbeitssystemen die Ermittlung der
Brachzeiten der Betriebsmittel, der Wartezeiten und Tätigkeiten
der Arbeitskräfte, der Fertigungskosten und der Stückzahlen ermöglicht (<u>Bild 2</u>).

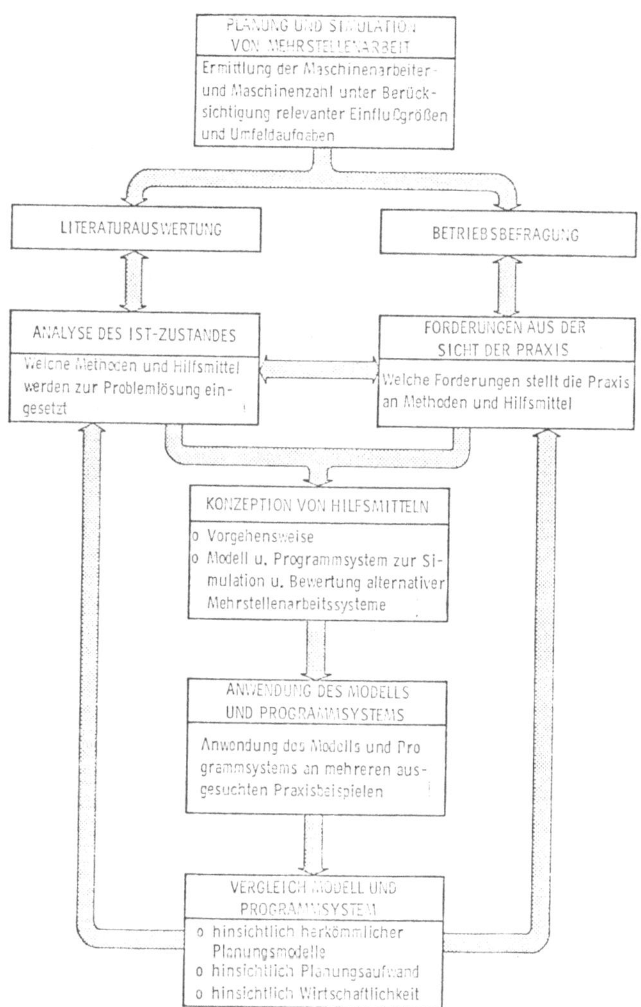

Bild 2: Vorgehensweise zur Entwicklung eines Hilfsmittels zur Planung der Mehrmaschinenarbeit

Im nächsten Schritt soll für das oben beschriebene Modell ein Programmsystem entwickelt werden, mit dessen Hilfe alternative Mehrstellenarbeitssysteme abgebildet und die Brach- zeiten, Wartezeiten, Tätigkeitszeiten sowie Fertigungskosten errechnet werden können. Um den Speicherbedarf des Programmes gering zu halten und den Einsatz eines Kleinrechners zu ermöglichen, ist das Programm aus Modulen aufzubauen. Zur Gewährleistung einer großen Einsatzbreite und einer leichten Handhabung ist das Programm in FORTRAN zu programmieren und für den Dialogverkehr mit dem Rechner zu konzipieren.

Der Einsatz von Simulationsmodell und Programmsystem unter Berücksichtigung der oben beschriebenen Anforderungen wird anhand zweier Praxisbeispiele dargestellt.

2   GRUNDLAGEN DER MEHRSTELLENARBEIT

2.1   Definition der Mehrstellenarbeit

In Anlehnung an /23/ läßt sich die Mehrmaschinenarbeit wie
folgt definieren:

Bei der Mehrstellenarbeit wird die Arbeitsaufgabe eines Arbeitssystems mit Hilfe mehrerer gleichzeitig eingesetzter Maschinen
erfüllt. Die Arbeitsaufgabe kann durch einen oder durch mehrere
Maschinenarbeiter durchgeführt werden. Die Zahl der gleichzeitig
im System tätigen Maschinenarbeiter muß kleiner sein als die
Zahl der Maschinen.

Je nach Zahl der in einem System eingesetzten Arbeitskräfte
kann man zwei Arbeitsformen unterscheiden:

          - Mehrstellenarbeit als Einzelarbeit
          - Mehrstellenarbeit als Gruppenarbeit.

Wesentliches Merkmal der Mehrmaschinenarbeit ist, daß die während des selbständigen Arbeitsvollzugs - der Hauptzeit oder
unbeeinflußbaren Zeit - an einer Maschine entstehende Wartezeit von den Arbeitskräften zur Arbeit an weiteren Maschinen
oder durch Übernahme zusätzlicher Tätigkeiten genutzt wird.

Für den Begriff Mehrstellenarbeit verwendete Synonyme sind
Mehrmaschinenarbeit und Mehrplatzarbeit. Da die vorliegende
Arbeit die Maschinenarbeit unter Berücksichtigung von Umfeldaufgaben zum Schwerpunkt hat, wird im folgenden vorwiegend
der Begriff "Mehrmaschinenarbeit" verwendet.

2.2   Relevante Zeitarten zur Bestimmung von Mehrmaschinenarbeit

Bei der Mehrmaschinenarbeit treten im allgemeinen Zeitarten auf,
die sich auf den Menschen (Maschinenarbeiter oder Einrichter)
oder auf das Betriebsmittel beziehen. In den folgenden Bildern
3 und 4 werden die Zeitarten beschrieben, deren Definitionen
für die weitere Betrachtung wesentlich sind.

ZEITARTEN - MENSCH			
Symbol	Zeitart	Definition	Beispiel
t_{tv}	Grundverrichtungs-zeit	Zeitdauer, in deren Verlauf eine Arbeitskraft zur Durchführung der planmäßigen Grund-operation an einer Maschine sein muß	Fertigbearbeitetes Teil aus Backenfutter entfernen, neues Teil einspannen und Maschine anlaufen lassen
$t_{tvs(i,j)}$	Verrichtungszeit beim stehenden Betriebsmittel je i oder j Teil	Zeitdauer, die sich einer Grundverrichtungs-zeit anschließt und in deren Verlauf eine Arbeitskraft an der stehenden Maschine arbeiten muß	Werkzeugwechsel
$t_{tvp\,1}$	Verrichtungszeit beim Produzieren je Teil	Zeitdauer, die sich einer Verrichtungszeit anschließt und eine Arbeitskraft zur Durch-führung von Vorbereitungs- und Hilfs-operationen bzw. zur Überwachung während der Hauptnutzung benötigt	Überwachen des Abschnittes, Prüfen des Teiles
$t_{tvp(i,j)}$	Verrichtungszeit beim Produzieren je i oder j Teile (oder je Zeitab-schnitt)	Zeitdauer, die sich einer Verrichtungszeit anschließt und eine Arbeitskraft zur Durch-führung von Vorbereitungs- und Hilfs-operationen während der Hauptnutzung je i oder j Teile benötigt	Teile auf Vorablage, Prüfung Teil
t_{weg}	Wegzeit	Zeitdauer, die benötigt wird für das Zurück-legen des Weges zwischen zwei Maschinen oder einem Warteplatz	
t_w	Wartezeit	Unvermeidbarer Zeitverlust (in Form von Wartezeit). Sie tritt auf, wenn (momentan) alle Maschinen selbsttätig laufen	
t_{ts}	Störzeit	Zeitaufwendung zur Beseitigung einer Störung	Werkzeugbruch
t_v	Verteilzeit	Zuschlag für außerplanmäßige sachlich oder persönlich bedingte Ausführungen	Abschmieren einer Maschine
t_{er}	Erholzeit	Zuschlag für das infolge der Tätigkeit notwendige Erholen des Menschen	
t_{tr}	Grundrüstzeit	Zeitdauer, die notwendig ist zur Aufrüstung der Maschine	Spezialspanndorn aufspannen

<u>Bild 3:</u> Auf den Menschen (Arbeitskräfte) bezogene Zeiten (in Anlehnung an /23/).

ZEITARTEN - BETRIEBSMITTEL			
Symbol	Zeitart	Definition	Beispiel
$t_{PT}(t_h)$	Prozeßzeit (unbeeinflußbare Haupt- oder Nebenzeit)	Zeitdauer, in deren Verlauf eine Maschine selbsttätig operativ tätig ist.	Selbsttätiges Kopierdrehen einer Welle.
t_n	Nebennutzungszeit	siehe t_{tv}	
$t_{ns}(i,j)$	Nebennutzungszeit je i oder j Teile (oder je Zeitabschnitt)	siehe $t_{tvs\,i,j}$	
t_b	Brachzeit	Unvermeidbarer Zeitverlust in Form von Maschinenstillstandszeiten durch Mehrmaschinenbedienung. Die Brachzeit tritt dann auf, wenn mehr Maschinen im System auf Bedienung warten als Maschinenbediener momentan einsatzbereit sind.	Zwei Betriebsmittel warten auf Bedienung und nur ein Maschinenbediener ist frei.
t_r	Rüstzeit	Zeitdauer, in der die Maschine, bedingt durch Rüsten, nicht einsatzbereit ist.	
t_s	Störzeit	Zeitdauer, in der die Maschine, bedingt durch eine Störung, nicht einsatzbereit ist.	Ausfall der Steuerung.
t_{sa}	Störabstand	Zeitdauer zwischen zwei Störungen.	

Bild 4: Auf die Betriebsmittel bezogene Zeiten
(in Anlehnung an /23/).

2.3 Arten der Mehrmaschinenarbeit

Aus der Auftragsstruktur, dem Maschinenpark und der Zahl der
Maschinenarbeiter im Mehrmaschinenarbeitssystem ergeben sich
verschiedene Arten der Mehrmaschinenarbeit (Bild 5), die im
folgenden, aufbauend auf /23/, definiert und kurz beschrieben
werden sollen.

Erfolgt die Arbeit an den einzelnen Maschinen in einer festgelegten Zeitfolge, so ist eine regelmäßige Mehrmaschinen-

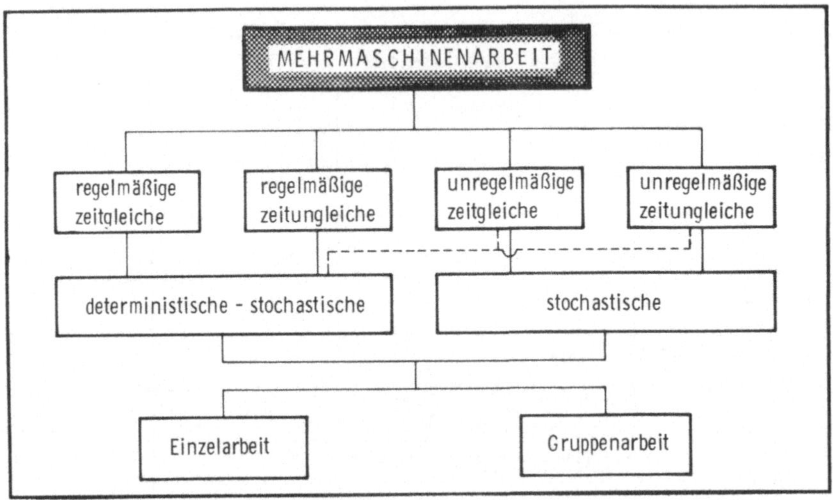

Bild 5: Arten der Mehrmaschinenarbeit

arbeit gegeben. Eine unregelmäßige Mehrmaschinenarbeit liegt dann vor, wenn an einem oder an mehreren Betriebsmitteln größere technisch bedingte Streuungen der Prozeß- oder Verrichtungszeiten auftreten, so daß eine periodische Maschinenarbeit nicht möglich ist.

Sowohl bei regelmäßigem als auch bei unregelmäßigem Arbeitsablauf kann die Mehrmaschinenarbeit zeitgleich oder zeitungleich sein /11/. Zeitgleichheit ist dann vorhanden, wenn an den einzelnen Maschinen die Verrichtungs- und die Prozeßzeiten gleich lang sind. Dies ist dann gegeben, wenn an den Maschinen das gleiche Erzeugnis gefertigt wird und die Maschinen gleiche Leistungsfähigkeit besitzen. Bei unterschiedlicher Dauer von Verrichtungs- und Prozeßzeiten von Betriebsmittel zu Betriebsmittel oder auch je Betriebsmittel liegt eine zeitungleiche Mehrmaschinenarbeit vor.

In Verbindung mit den beiden oben beschriebenen Unterscheidungsmerkmalen läßt sich eine weitere Gliederung der Mehrmaschinen-

arbeit, nämlich in eine deterministische und stochastische
vornehmen. Diese Trennung ist insbesondere im Hinblick auf das
zu entwickelnde Modell von Bedeutung. Eine deterministische
Mehrmaschinenarbeit ist dann gegeben, wenn die Zeitarten oder
Abläufe bekannt, in ihrer Dauer konstant und planbar sind. Von
einer deterministischen Mehrmaschinenarbeit kann man z.B. bei
einer Serienfertigung sprechen, wenn eventuell auftretende stochastische Maschinenstörungen nicht beachtet werden. Setzt
sich der Arbeitsvorrat aus unterschiedlichen Teilen mit unterschiedlichen Verrichtungs- und Prozeßzeiten zusammen, so liegt
eine stochastische Mehrmaschinenarbeit vor. Dies ist in der
Einzel- und Kleinserienfertigung gegeben.

Eine weitere Untergliederung in Grundarten der Mehrmaschinenbedienung ist, wie in Kapitel 2.1 erwähnt, nach der Anzahl der
sich im Arbeitssystem befindlichen Maschinenarbeiter möglich.
Wird Mehrmaschinenarbeit als Einzelarbeit ausgeführt, befin-
det sich ein Maschinenarbeiter in einem Arbeitssystem. Sind
mehrere Maschinenarbeiter in einem Arbeitssystem eingesetzt,
liegt eine Mehrmaschinenarbeit in Gruppenarbeit vor.

2.4 Bedeutung der Mehrmaschinenarbeit

Die Bedeutung der Mehrmaschinenarbeit läßt sich durch Ergebnisse
einer vom Verfasser durchgeführten Erhebungsaktion in ausgewählten Betrieben der Branchen Maschinenbau und Elektrotechnik
mit über 7000 Arbeitsplätzen in der Teilefertigung verdeutlichen /9/. Es wurde festgestellt, daß in ca. 90 % aller untersuchten Unternehmen Mehrmaschinenarbeit möglich ist und
auch teilweise durchgeführt wird. Im Maschinenbau betrug der
Anteil an Arbeitsplätzen mit Mehrmaschinenarbeit ca. 16 %
und in der Elektroindustrie ca. 34 %.

Ein Histogramm des Arbeitsplatzanteils von Mehrmaschinenarbeitsplätzen in Werkstättenbereichen von Maschinenbaubetrieben und in
der Elektrotechnik ist in Bild 6 dargestellt.

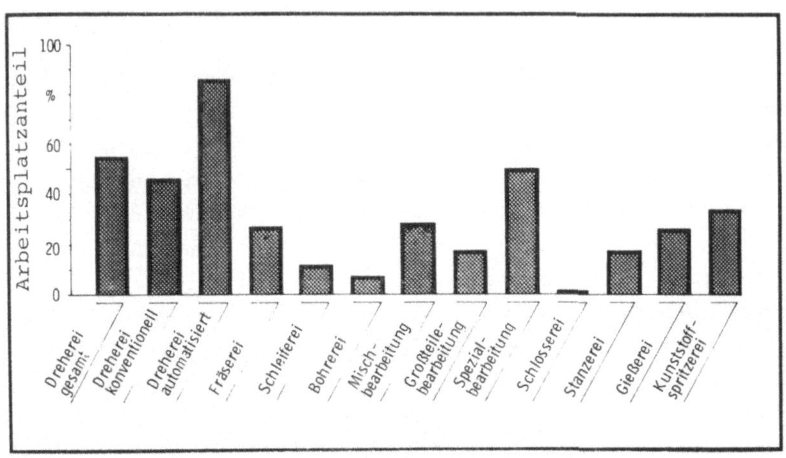

Bild 6:   Anteil an Mehrmaschinenarbeitsplätzen

Der Anteil an Mehrmaschinenarbeitsplätzen war in der Automaten-
dreherei mit ca. 85 % am höchsten. In der Schleiferei, Bohrerei
und Schlosserei lag der Anteil an Mehrmaschinenarbeit unter
15 % /9/.

2.5   Mehrmaschinenarbeit als Beitrag zur Arbeitsstrukturierung

Im Bereich der Teilefertigung sind im Vergleich zur Montage die
Möglichkeiten der Arbeitsstrukturierung (vgl. /1,24/) durch zusätzliche Randbedingungen stark eingeschränkt. Eine Strukturie-
rung der Teilefertigung, z.B. in Form einer Änderung der Fertigungs-
technologien oder einer Umstellung von bestehenden Fertigungseinrichtungen ist meist wesentlich kapitalintensiver als eine entsprechende Änderung in der Montage.

Mit der Einführung der Mehrmaschinenarbeit bietet sich die Möglichkeit, den Mitarbeitern im Sinne der Arbeitserweiterung und
Arbeitsbereicherung zusätzliche Aufgaben zu übertragen (Bild 7).

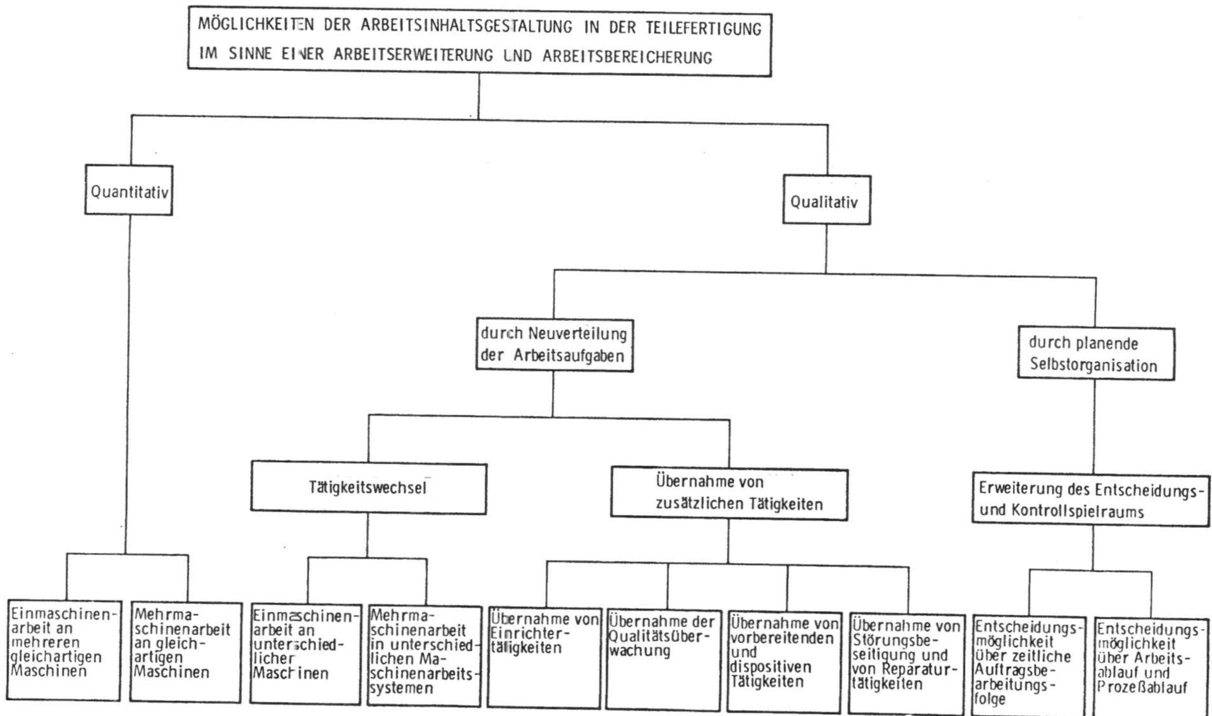

Bild 7: Möglichkeiten der Arbeitsinhaltsgestaltung

Dies ist insbesondere dann gegeben, wenn im Mehrmaschinenarbeitssystem parallel an verschiedenartigen Aufträgen oder Maschinen
gearbeitet wird. Eine weitere Möglichkeit der Arbeitserweiterung
und Arbeitsbereicherung liegt in der Übertragung von vor- oder
nachgelagerten Tätigkeiten auf die Maschinenarbeiter wie z.B. das
Prüfen der Teile oder das Rüsten der Maschinen.

Bei der stochastischen Mehrmaschinenarbeit im Bereich der Ein-
zelteil- oder Kleinserienfertigung bietet sich zudem die Übertragung von Aufgaben der kurzfristigen Fertigungssteuerung auf
die Mitarbeiter an, z.B. Festlegung der Auftragsfolge innerhalb
eines festgelegten Termingerüstes. Mit dieser Maßnahme lassen
sich, wenn entsprechende Lohnanreize gegeben und sinnvolle Ent-
scheidungshilfen zur Festlegung der optimalen Auftragsfolge
zur Verfügung gestellt werden können, in der Regel wirtschaftlich positive Erfolge erzielen.

3   <u>PLANUNG VON MEHRMASCHINENARBEIT</u>

3.1   <u>Einflußgrößen auf die Mehrmaschinenarbeit</u>

Mit der Einführung von Mehrmaschinenarbeit stellt sich die Frage,
welche und wieviele Maschinen einem Mitarbeiter oder einer
Gruppe von Mitarbeitern zuzuteilen sind.
Zur Klärung dieser Frage sind eine Vielzahl von technisch-
organisatorischen und kostenrelevanten Einflußgrößen zu berücksichtigen. Die wichtigsten hiervon sollen im folgenden disku-
tiert werden.

3.1.1 <u>Technisch-organisatorische Einflußgrößen</u>

Zu den wichtigsten Größen, die die Mehrmaschinenarbeit beein-
flussen, gehören die unbeeinflußbaren Hauptzeiten der einzelnen
Arbeitsgänge. Je nachdem, ob die Maschinenarbeiter während der
unbeeinflußbaren Hauptzeiten Überwachungsfunktionen und bzw. oder
Umfeldaufgaben wahrnehmen müssen oder nicht, entstehen für sie
Wartezeiten.

Ein weiterer wichtiger Parameter ist die Verteilzeit. Instand-
haltungsarbeiten und durch Störungen bedingte Stillstands-
zeiten führen mit steigender Betriebsmittelzahl zu höheren
sachlichen Verteilzeiten. Außerdem sind mit zunehmender Produkt-
vielfalt und Maschinenzahl häufiger Rückfragen beim Meister
notwendig, was ebenfalls zu einer Erhöhung der sachlichen Verteilzeit führt. Dies wirkt sich einschränkend auf die einer
Person oder Personengruppe zuteilbare Maschinenzahl aus.

Wechselt die Maschinenauslastung - bedingt durch die Auftragslage - so kann durch Änderung der Größe des Arbeitssystems,
also der Maschinenzahl, eine bessere Betriebssituation herbei-
geführt werden. Beim Idealzustand einer Mehrmaschinenarbeit
treten weder Brach- noch Wartezeiten auf. In der Praxis muß

jedoch bei der Auslegung einer Mehrmaschinenarbeit meist ein
Kompromiß zwischen Brachzeiten und Wartezeiten eingegangen werden.
Tritt eine Verschlechterung der Auftragslage ein, und die
Betriebsmittel sind nur teilweise ausgelastet, so können mehr-
maschinenbedingte Brachzeiten eher in Kauf genommen werden.

Weitere Parameter der Mehrmaschinenarbeit und der optimalen
Maschinenzahl sind Rüsthäufigkeit und Rüstdauer. Diese Größen
sind mitentscheidend, ob das Umrüsten von dem Einrichter, dem
Maschinenarbeiter oder von beiden vorgenommen wird. Zur
Höherqualifizierung der Mitarbeiter bietet es sich jedoch an,
Umrüstaufgaben schrittweise dem Maschinenarbeiter zu übertragen.
So lassen sich z.B. mit Hilfe von Werkzeugwechselsystemen die
Rüstzeiten und die Schwierigkeiten beim Umrüsten erheblich
vermindern.

Eine weitere bedeutende Einflußgröße ist die Maschinenaufstellung. Bei Mehrmaschinenarbeit ist ein Zusammenfassen solcher
Gruppen von Maschinen anzustreben, deren Informations- und
Personenfluß eine natürliche Beziehung aufweisen. Die Maschi-
nenanordnung ist so festzulegen, daß einerseits der Energie- und
der Materialfluß nicht gestört werden, andererseits die Wege
und die Wegzeiten des Bedienungspersonals minimal sind. Außerdem
ist auf eine gute Übersichtlichkeit der Maschinenaufstellung
zu achten.

Ebenso ist in der Praxis beim Zusammenfassen von Betriebsmitteln zur Mehrmaschinenarbeit zu berücksichtigen, daß
gewisse Maschinen aufgrund ihrer Emissionen wie Schwingungen,
Strahlungen, einen störenden Einfluß auf benachbarte Bereiche
ausüben können. Dies ist der Fall z.B. bei der Anordnung von
Stanzautomaten neben Präzisionsmaschinen.

Da es häufig notwendig ist, die Fertigung in bereits bestehenden Gebäuden unterzubringen, müssen weitere, zum Teil starre
Randbedingungen berücksichtigt werden. Bauliche Einflußgrößen
auf die Maschinenaufstellung ergeben sich durch die Bodentrag-

fähigkeit, die Raumhöhen, nicht nutzbare Flächen sowie Ge-
bäudezonen und -bereiche. Eine Gruppierung der Maschinen ist
so vorzunehmen, daß keine Unfallgefahren für die Mitarbeiter
entstehen. Verkehrwege sollten nach Möglichkeit vom Maschinenarbeiter nicht überquert werden müssen.

3.1.2 Kostenrelevante Einflußgrößen

Maschinenstundensatz und Lohnkosten stellen zwei weitere wichtige Einflußgrößen dar. Je nach dem Verhältnis von Lohnkostensatz
zu Maschinenstundensatz können aus betriebswirtschaftlichen
Gesichtspunkten mehr oder weniger hohe Brachzeiten in Kauf genommen werden. Eine Analyse der Kostenentwicklung bei kon-
stanter Maschinenarbeiterzahl und variabler Maschinenzahl läßt,
wie qualitativ Bild 8 zeigt, auf zwei Bereiche nicht optimaler
Kapazitätsauslastung schließen /25/.

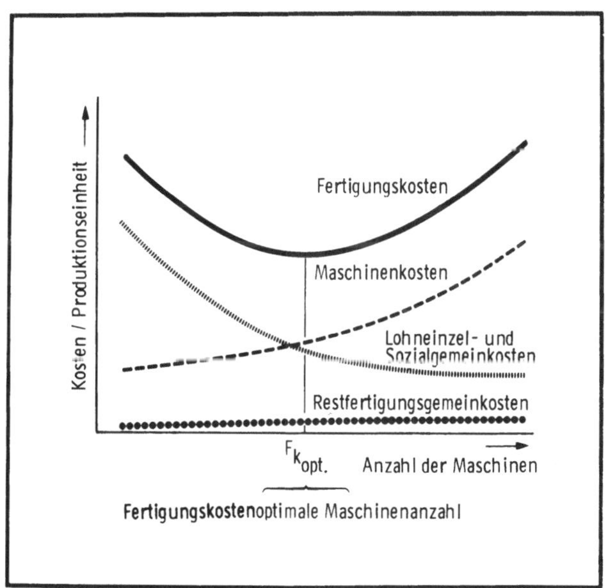

Bild 8: Fertigungskosten in Abhängigkeit von der
Maschinenzahl

1. Im ersten Bereich ist die Anzahl der zu bedienenden Betriebsmittel zu groß. Es kommt zu **Maschinenstillständen infolge
   Personalmangels.** Dabei entstehen Brachzeiten an den Maschinen,
   die die Nutzungszeit senken und somit die fixen Maschinen-
   kostenanteile wie Abschreibungen und Zinsen pro Produktionseinheit erhöhen.

2. Im zweiten Bereich ist die Anzahl der zu bedienenden Betriebsmittel zu klein. Dies führt zu Wartezeiten bei den Mitarbeitern
   und somit zu höheren Lohnkosten pro Produktionseinheit. Die
   Mitarbeiter könnten weitere Aufgaben übernehmen. Dabei müssen
   die psychologischen und physiologischen Belastungen sowie
   die Qualifikation der Mitarbeiter berücksichtigt werden.

3.2 Ablauf der Planung von Mehrmaschinenarbeit

Im Rahmen dieser Arbeit wurde auf der Basis durchgeführter
Industrieprojekte eine Vorgehensweise zur Planung von
Mehrmaschinenarbeit erarbeitet. Der Planungsablauf von
Mehrmaschinenarbeit kann entsprechend **Bild 9** in fünf Schritte
gegliedert werden:

3.2.1 Analyse des Maschinenparks und der Aufträge

In der ersten Planungsphase ist mit Hilfe einer Analyse fest-
zustellen, inwieweit die Betriebsmittel bei vorgegebener Produktion für Mehrmaschinenarbeit geeignet sind. Dazu sind alle
relevanten Verrichtungs- und Prozeßzeiten zu erheben.

Voraussetzung für die Einbeziehung von Maschinen in ein Mehrmaschinenarbeitssystem ist, daß die Maschinen weitgehend selbständig
produzieren können. Die unbeeinflußbaren Haupt- oder Nebenzeiten
sollen möglichst zusammenhängend auftreten und so lang sein,
daß ein Tätigwerden des Maschinenarbeiters an weiteren Betriebsmitteln möglich wird. Notwendige Verrichtungen der Mitarbeiter

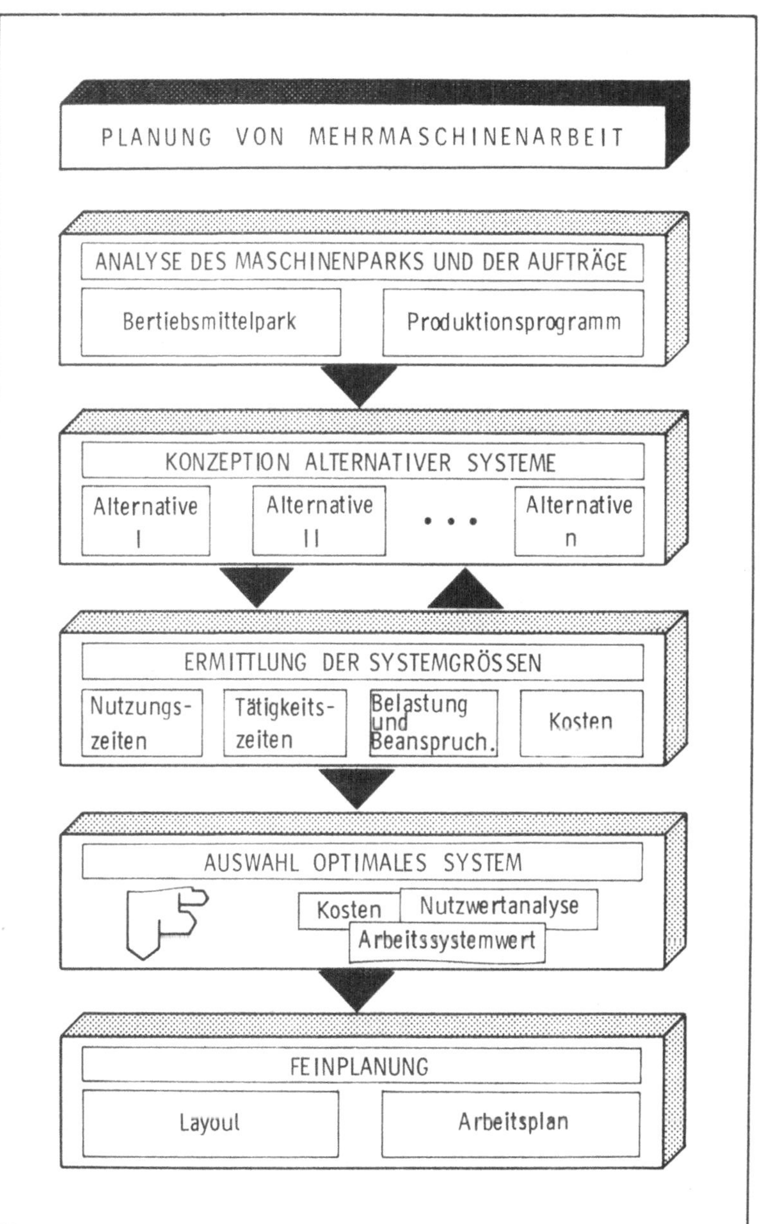

Bild 9: Planungsablauf von Mehrmaschinenarbeit

sollen möglichst keinen kurzzyklischen zeitlichen Zwängen
unterliegen. Eine Mehrmaschinenarbeit ist dann möglich, wenn
die Betriebsmittel folgende Einrichtungen aufweisen oder
diese relativ leicht installiert werden können /26/:

- programmierbare Steuerungen
- Magazine mit geeigneten Zuteilvorrichtungen
  und Einlegegeräten
- Werkzeugwechselsysteme
- Kontroll- und Überwachungseinrichtungen.

Eine Prüfliste zur Klärung, ob eine Maschine unter Berücksichtigung ihres zu bearbeitenden Teilespektrums zur Mehrmaschinenarbeit geeignet ist, zeigt <u>Bild 10</u>.

Im Anschluß an obige Analyse erweist es sich als zweckmäßig,
die Stellenordnung der zur Mehrmaschinenarbeit geeigneten Betriebsmittel zu ermitteln.

Die Stellenordnung stellt eine Kennzahl dar, die die Eignung
einer Maschine für Mehrmaschinenarbeit charakterisiert. Ihr
Wert gibt die theoretische Maschinenzahl an, die bei gleichen
Maschinen und gleicher Produktion unter Berücksichtigung der
Arbeitsbeanspruchung von einem Maschinenarbeiter in Mehrmaschinenarbeit kostenoptimal bedient wird. Hat eine Maschine
die Stellenordnung vier, so kann es sinnvoll sein, sie in einem
Mehrmaschinenarbeitssystem mit drei weiteren Betriebsmitteln
der Stellenordnung vier zusammenzufassen. Eine Vorgehensweise
zur Ermittlung der Stellenordnung wird in /27/ dargestellt
und soll deshalb hier nicht weiter vertieft werden.

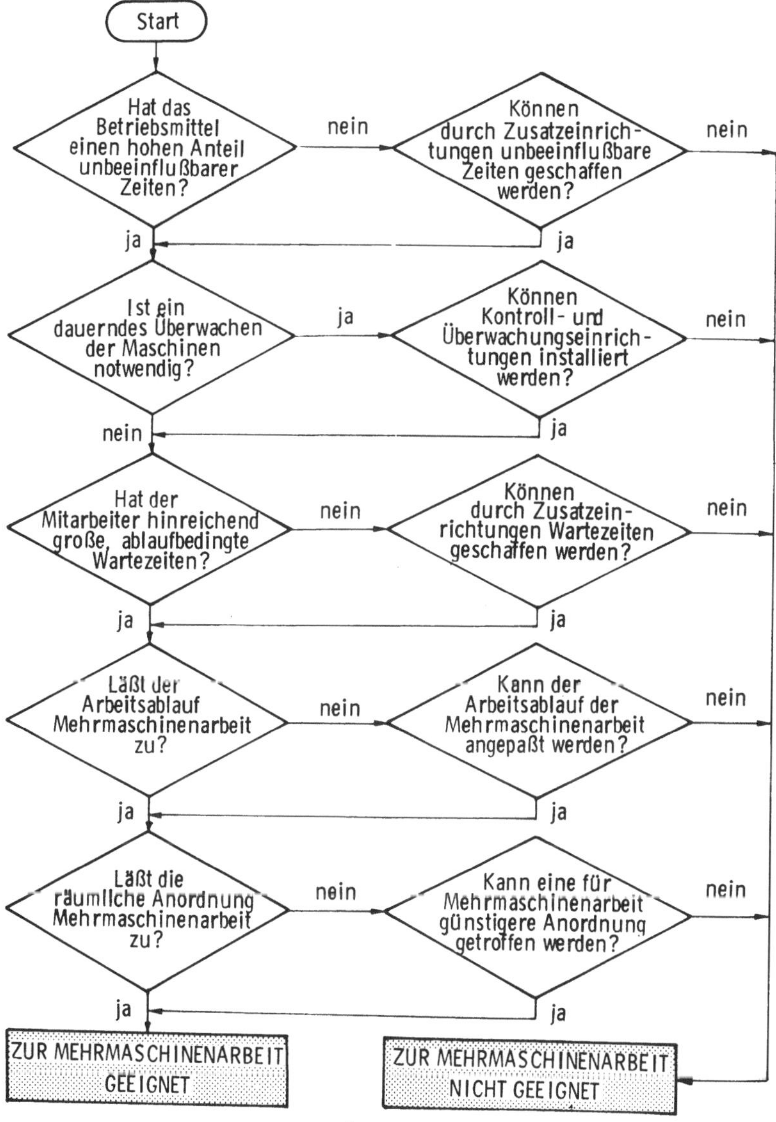

Bild 10: Voraussetzungen zur Mehrmaschinenarbeit

3.2.2   Konzeption alternativer Systeme

Im zweiten Planungsschritt hat die Ermittlung alternativer
Mehrmaschinensysteme zu erfolgen. Die Lösung dieser Aufgabe
liegt in der Auswahl sinnvoller Kombinationen von Maschinen
und Maschinenbedienern zu einem Arbeitssystem. Die zuvor ermittelte Stellenordnung wird unter Berücksichtigung der Einflußgrößen (siehe Kapitel 3.1.) als Hilfsmittel verwendet. Das
Erarbeiten von Systemalternativen für eine deterministische Mehrmaschinenarbeit, die als Einzelarbeit durchgeführt wird und kleine
Arbeitsinhalte aufweist, ist relativ leicht möglich. Die Brach-
und Wartezeiten lassen sich leicht ermitteln oder abschätzen.

Schwieriger wird die Aufgabe jedoch, wenn die Zahl der gemeinsam
zu untersuchenden Maschinen groß ist, eine Vielzahl unterschiedlicher Arbeitsinhalte in die Betrachtungen aufzunehmen
ist, die Stellenordnung auf- oder abgerundet werden muß
oder man die eventuellen Vorteile der Mehrmaschinenbedienung
in Gruppenarbeit nutzen möchte. Daraus ergeben sich viele
Kombinationsmöglichkeiten, die bei der Ermittlung der optimalen
Systemalternativen in den Untersuchungen zu berücksichtigen sind.

3.2.3   Ermittlung der Systemgrößen

In der dritten Planungsphase sind im Hinblick auf eine Bewertung der einzelnen Systemalternativen

- o   die Betriebsmittelnutzung und Brachzeiten
- o   die Ausbringung der einzelnen Maschinen
- o   das Tätigkeitsprofil der Mitarbeiter (qualitativ
  und quantitativ)
- o   ein Kostenvergleich

für die einzelnen Alternativen zu errechnen bzw. vorzunehmen.

Die Ermittlung dieser Größen ist äußerst arbeitsaufwendig und
hat entscheidenden Einfluß auf die Auswahl des optimalen Mehrmaschinenarbeitssystems. Hieraus ergibt sich die Notwendigkeit,
ein rationelles Hilfsmittel zu schaffen. Der Inhalt dieses
Planungsschrittes und das entwickelte Hilfsmittel werden in
Kapitel 4 und 5 ausführlich beschrieben.

Durch die Abhängigkeit der dritten Planungsphase von der
vorgelagerten hat eine ständige Modifikation der alternativen
Systeme zu erfolgen. So kann beispielsweise das Ersetzen einer
Maschine im Mehrmaschinensystem nicht nur zu anderen Brachzeiten führen, sondern auch eine andere Aufgabenstellung mit
sich bringen.

3.2.4 Auswahl des optimalen Systems

In der vierten Phase sind, auf der Basis der ermittelten
Systemgrößen wie Nutzungszeit und Kosten und unter Berücksichtigung von Produktionsrandbedingungen wie Prioritäten und Auftragslage sowie zusätzlicher Kriterien wie Umstellungsaufwand,
die alternativen Systeme zu bewerten und das bestgeeignetste
System auszuwählen. Mögliche Vorgehensweisen der Bewertung und
Auswahl von Arbeitssystemen sind in den Arbeiten von /28/ und /29/
enthalten.

3.2.5 Feinplanung

Im letzten Planungsschritt sind, aufbauend auf den Ergebnissen
der zuvor durchgeführten Planungsphasen, abschließende Planungs-
arbeiten durchzuführen. Dazu gehören:
- o Modifizierung oder Neuplanung eines Layouts,
- o Erstellung der Arbeitspläne,
- o Ermittlung der Vorgabezeiten.

Da die vorliegende Arbeit die dritte Planungsphase - Ermittlung
der Systemgrößen -, in der Literatur auch mit "Erfassung der
Mehrmaschinenarbeit" beschrieben, zum Schwerpunkt hat, soll
im folgenden auf die wichtigsten Verfahren zur Ermittlung dieser
Systemgrößen eingegangen werden.

3.3 Verfahren zur Ermittlung der Systemgrößen bei Mehrmaschinenarbeit

Im folgenden Abschnitt sollen die wichtigsten Verfahren, die der Ermittlung der Systemgrößen bei Mehrmaschinenarbeit - ihren Brachzeiten, Nutzungszeiten, Tätigkeitszeiten und Kosten - dienen, beschrieben werden. Ebenso sind die Verfahren im Hinblick auf ihre Eignung zur Planung von Mehrmaschinenarbeitssystemen unter Berücksichtigung von Umfeldaufgaben und betrieblichen Randbedingungen zu diskutieren. Die Ermittlung der Systemgröße ist für die Auswahl des optimalen Mehrmaschinenarbeitssystems von größter Bedeutung.

3.3.1 Herkömmliche Verfahren der industriellen Praxis

Den herkömmlichen Verfahren der industriellen Praxis zur Ermittlung der Systemgrößen liegen Vereinfachungen zugrunde. Sie basieren hauptsächlich auf einer rein deterministischen Betrachtungsweise. Bei der Planung von Mehrmaschinenarbeit im Bereich der Einzel- und Kleinserienfertigung werden in der Regel gemittelte Verrichtungs- und Prozeßzeiten als Datenbasis herangezogen. Des weiteren wird aus Zeitersparnisgründen in den herkömmlichen Verfahren oftmals ein statistisch nicht ausreichender Betrachtungszeitraum zugrundegelegt.

Die wichtigsten Verfahren der industriellen Praxis zur Erfassung und Beurteilung der Mehrmaschinenarbeiten arbeiten:

- o grafisch
- o tabellarisch
- o rechnerisch
- o funktional

3.3.1.1 <u>Grafisches Verfahren</u>

Das grafische Verfahren wird häufig eingesetzt. Dort werden, ausgehend von gemittelten oder Einzel-Zeiten, alle im System auftretenden Zeiten als Soll-Zeiten in einem sogenannten "Ablaufdiagramm" oder "Zeitband" (<u>Bild 11</u>) eingezeichnet /30/. Die Darstellung erfolgt nach Betriebsmittel und Mensch getrennt und auf Grundlage eines zuvor definierten Ablaufs der Mehrmaschinenbedienung.

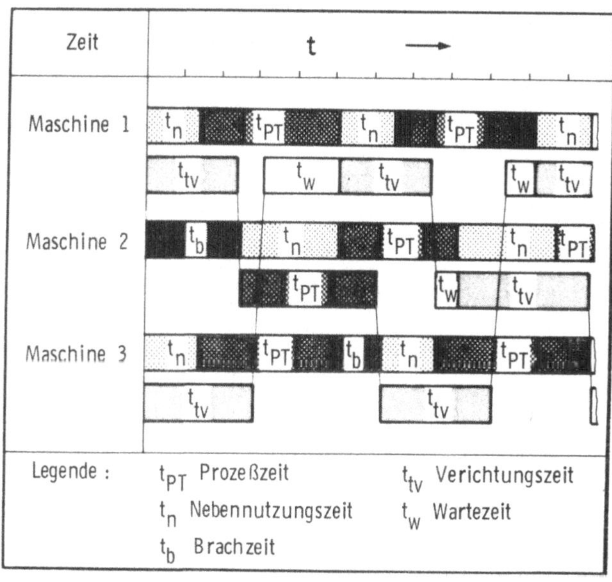

<u>Bild 11</u>: Planung von Mehrmaschinenarbeit mit Hilfe eines Ablaufdiagramms

Dem "Ablaufdiagramm" oder "Zeitband" muß eine ausreichende Betrachtungsdauer zugrundegelegt werden, da sonst Ungenauigkeiten auftreten können. Im Anschluß an das Zeichnen müssen die Brach- und Wartezeiten ausgemessen werden. Durch andere mögliche Maschinenkombinationen oder Änderung der Maschinenbedienerzahl kann dann versucht werden, die bestgeeignetste Systemkonfiguration zu finden.

3.3.1.2 Tabellarisches Verfahren

Wie beim grafischen Verfahren werden hier anhand der vorgegebenen Einzelzeiten, z.B. der Prozeßzeiten, Verrichtungszeiten,
die Produktionsprozesse in ihrem zeitlichen Ablauf festgehalten.
An Stelle eines "Zeitbandes" wird eine sogenannte Ereignistabelle
verwendet. Nachteil dieses Verfahrens ist, daß sich der Produktionsprozeß nicht so anschaulich darstellen läßt wie bei dem
grafischen Verfahren. Die Erfassung von großen Mehrmaschinen-
systemen wird somit äußerst komplex. Bild 12 zeigt einen Ausschnitt aus der Planung einer Zweimaschinenarbeit mit Hilfe
einer Tabelle.

Maschine 1		Maschine 2		Maschinenarbeiter		Bemerkungen
Aktivität	Fortlaufende Zeit	Aktivität	Fortlaufende Zeit	Aktivität	Fortlaufende Zeit	
t_n = 80	80	—		t_v = 80	80	
t_h = 200	280	—		—		
—		t_n = 100	180	t_v = 100	180	
—		t_h = 200	380	—		
—		—		t_w	280	Maschinenarbeiter wartet
t_n = 80	360	—		t_v = 80	360	
t_h = 200	560	—		—		
—		—		t_w	380	Maschinenarbeiter wartet
—		t_n = 100	480	t_v = 100	480	

Legende: t_n = Nebennutzungszeit (sec)
t_h = Hauptnutzungszeit (sec)
t_v = Verrichtungszeit (sec)
t_w = Wartezeit (sec)

Bild 12: Planung von Mehrmaschinenarbeit mit Hilfe eines
tabellarischen Verfahrens

3.3.1.3 Rechnerisches Verfahren

Beim rechnerischen Verfahren wird, ausgehend von den Zeiten
für Mensch und Betriebsmittel, eine ganzzahlige Stellenordnung S
errechnet. Die Stellenordnung charakterisiert die Eignung der
Maschinen für die Mehrmaschinenarbeit /27/. Der Wert der Stellenordnung entspricht dabei der theoretischen Anzahl an Maschinen,
die bei gleichem Maschinentyp und gleichen Maschinenverlust-

zeiten unter Berücksichtigung der Arbeitsbeanspruchung von
einem Maschinenarbeiter in Mehrmaschinenarbeit zeitoptimal
bedient werden können.

Zum Beispiel gilt nach /22/ für den Fall einer deterministischen regelmäßigen Mehrstellenarbeit

$$S = \frac{t_{PT} + t_n + t_{vB}}{t_{tv} + t_{er} + t_v} \qquad (Gl.\ 1).$$

Aus dieser mathematischen Beziehung läßt sich, wie in /22/ dargestellt, entsprechend der Zielsetzung entweder ein wartezeit-
minimales oder brachzeitminimales Arbeitssystem ableiten. Nicht
berücksichtigt werden in der oben beschriebenen Gleichung Wegzeiten und Tätigkeitszeiten wie das Überwachen der Betriebsmittel sowie die Wahrnehmung von Umfeldaufgaben.

3.3.1.4 Funktionales Verfahren

Die Bestimmung der Brach- und Wartezeitanteile mit Hilfe des
funktionalen Verfahrens baut auf rechnerischen Verfahren und
bzw. oder auf Zeitstudien auf. Eingangsgrößen dieser Vorgehensweise sind die Prozeßzeiten und die Nebenzeiten der Maschinen. Ergebnis dieses Verfahrens sind die Brach- und Wartezeiten in Abhängigkeit der Maschinenzahl. Das Vorgehen ist
betriebs-, produkt-, maschinen- und von der Art der Mehrmaschinenarbeit abhängig. Es kann nur dann als sinnvolle Planungs-
hilfe herangezogen werden, wenn die den ermittelten Funktionen
zugrundegelegten Randbedingungen denen des neuen Planungsfalles entsprechen. <u>Bild 13</u> zeigt die Brach- und Wartezeitverläufe
eines Arbeitssystemes in Abhängigkeit des Neben- und Hauptzeit-
verhältnisses sowie der Maschinenzahl. Ein Einsatz des Verfahrens ist meist nur für Mehrmaschinenarbeit an gleichen Produkten und Maschinen möglich.

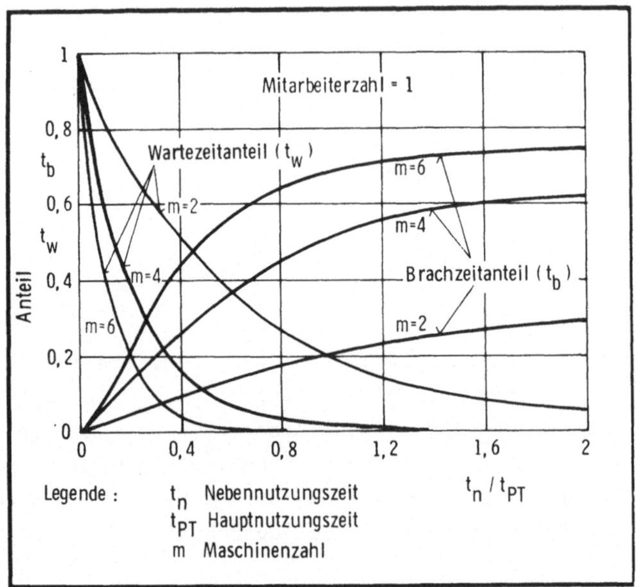

Bild 13: Planung von Mehrmaschinenarbeit mit Hilfe
grafischer Funktionen /31/

3.3.2 Mathematisches Verfahren

Mit der Entwicklung von Operations-Research-Verfahren wurden, unabhängig von den herkömmlichen Verfahren zur Planung
und Bestimmung von Mehrmaschinenarbeit, Methoden und Hilfsmittel entwickelt, denen die Theorie von Zufallsprozessen
zugrundeliegt. Die zwei wichtigsten Lösungsansätze hierzu basieren auf einem analytischen Verfahren, nämlich der War-
tenschlangentheorie und dem Verfahren der digitalen Simulationstechnik.

3.3.2.1 Warteschlangentheorie

Allgemeines Merkmal der Warteschlangentheorie ist die zeit-
weilige Verzögerung eines Prozesses durch einen Engpaß oder
mehrere Engpässe. Bei der Mehrmaschinenarbeit können zwei Engpässe auftreten. Zum einen kann der Fall eintreten, daß alle

Maschinen produzieren und die Maschinenarbeiter oder Einrichter auf Arbeit warten. Andererseits ist es aber auch möglich, daß die Maschinenarbeiter beschäftigt sind und eine oder mehrere Maschinen auf Bedienung warten.

Ein Problem der Ermittlung der Systemgrößen mit Hilfe der Warteschlangentheorie ist die genaue formelmäßige, mathematische Wiedergabe des Fertigungsprozesses mit seinem Fertigungsablauf, den Ankunftszeiten und den Tätigkeitszeiten /32/. Es lassen sich aus den Verteilungen der Ankunftszeiten und der Tätigkeitszeiten keine Gesetzmäßigkeiten ableiten. Dies gilt auch, wenn bei der Maschinenbedienung Prioritäten zu berücksichtigen oder bei der Planung Umfeldaufgaben einzubeziehen sind. Ein Lösungsansatz auf Basis der Warteschlangentheorie wird somit komplex oder unlösbar.

Um den Aufwand zur Erfassung der Mehrmaschinenarbeit mit Hilfe der Warteschlangentheorie in Grenzen zu halten oder gar möglich zu machen, müssen Vereinfachungen getroffen werden wie

- o Annahme einer analytischen Wahrscheinlichkeitsverteilung der Zeiten,
- o gleiches Verhalten aller im System befindlichen Maschinen.

Diese Annahmen wirken sich auf die Qualität der Planungsergebnisse und die Einsatzmöglichkeiten des Modells stark einschränkend aus.

Unter der Zielsetzung dieser Arbeit - Planung von Mehrmaschinenarbeit mit der Möglichkeit zur Einbeziehung von Umfeldaufgaben - scheint ein Weiterverfolgen des Lösungsansatzes der Planung von Mehrmaschinenarbeit mit Hilfe der Warteschlangentheorie nicht sinnvoll. Es sind dabei Einschränkungen zu treffen, die die Aussagekraft der Ergebnisse beeinflussen. Auf dieses Verfahren wird deshalb nicht näher eingegangen.

3.3.2.2 Simulation

Eine weitere Möglichkeit der Ermittlung der Systemgrößen von
Mehrmaschinenarbeit bietet die digitale Simulation.
Damit läßt sich auf Basis numerischer Berechnungen eine
Abbildung realer Vorgänge erzielen /33/. Die numerische
Berechnung kann dabei manuell oder unter Zuhilfenahme
der EDV erfolgen. Um eine Mehrmaschinenarbeit im Planungsstadium simulieren zu können, muß zuvor ein Modell erstellt wer-
den. In diesem mathematischen Modell sind die notwendigen Re-
lationen zwischen den Elementen eines Mehrmaschinenarbeitssystems in Form von algebraischen Gleichungen und logischen
Anweisungen festzulegen. In Modellen auf Basis der digitalen
Simulation können im Gegensatz zu Modellen der Warteschlangentheorie alle algorithmierbaren Vorgänge aufgenommen werden.
Durch diese Tatsache entfallen Einschränkungen, wie sie in den
analytischen Verfahren der Warteschlangentheorie gegeben sind.
Es können mit der digitalen Simulation, sofern ein entsprechen-
des Modell vorliegt, Mehrmaschinenarbeitssysteme betrachtet
werden, in denen die Maschinenbedienung nach Prioritätsregeln
erfolgt oder in denen die Maschinenarbeiter Umfeldaufgaben
wahrnehmen.

3.3.3 Zusammenfassung der Kritik an den Verfahren

Der Einsatz der einzelnen Verfahren zur Ermittlung der Systemgrößen bei Mehrmaschinenarbeit wird zum einen durch seinen erforderlichen Arbeitsaufwand, zum anderen durch die Qualität der Ergebnisse beschränkt. Eine Gegenüberstellung der Vor- und Nachteile
von Verfahren zur Planung von Mehrmaschinenarbeit zeigt Bild 14.

Mit Hilfe des grafischen Verfahrens und des tabellarischen
Verfahrens kann die Mehrmaschinenarbeit einschließlich möglicher Randbedingungen wie der Wahrnehmung von Umfeldaufgaben durch die Maschinenarbeiter oder der Bedienung der Maschinen nach vorgegebenen Prioritäten sehr gut abgebildet werden.
Nachteil dieser beiden Verfahren jedoch ist, daß sie insbe-

sondere bei Arbeitssystemen mit großer Maschinenzahl einen hohen
Arbeitsaufwand erfordern. Dies trifft auch für die manuell vor-
genommene digitale Simulation zu.

Das rechnerische Verfahren, das funktionale Verfahren und das
Verfahren der Warteschlangentheorie führen zwar schnell zu
Ergebnissen, können jedoch schwerpunktsmäßig nur als Hilfsmittel
zur Planung von Mehrmaschinenarbeit mit gleichartigen Ma-
schinen eingesetzt werden, wo sich Maschinenbedienung und
Laufzeit einer Maschine alternierend abwechseln, sofern aus
Bedienungsmangel keine Brachzeit anfällt. Aufgaben wie z.B.
"Überwachen des Anschnittes" können in diesen Verfahren meist
nur in Formen von Zu- oder Abschlägen berücksichtigt werden.
Allen drei Verfahren muß ein Modell zugrundeliegen, nach dem
die Formeln oder Funktionen aufgebaut sind. Kleinere Abweichungen zwischen dem zugrundegelegten Modell und dem Ist-
System machen eine analytische Lösung meist nicht mehr möglich.
Eine Anwendung dieser Verfahren bei der Planung von Mehr-
maschinenarbeit unter Berücksichtigung einer Arbeitsbereicherung und Arbeitserweiterung ist somit nicht oder nur unter
Einschränkungen möglich.

VERFAHREN		VORTEIL	NACHTEIL
Verfahren der industriellen Praxis	Grafisches Verfahren	• Einfacher Verfahrensaufbau • Anschauliches Vorgehen	• Für große Arbeitssysteme sehr aufwendig • Hoher Anteil an Routinetätig-keiten (arbeitsintensiv)
	Tabellarisches Verfahren	• Einfacher Verfahrensaufbau • Wenig Hilfsmittel erforderlich	
	Rechnerisches Verfahren	• Aufwand für Problemlösung gering	• Stark beschränkt einsetzbar • Vorleistung notwendig
	Funktionales Verfahren	• Aufwand für Problemlösung sehr gering • Einfache Handhabung	• Stark beschränkt einsetzbar • Aufwendige Vorleistung notwendig
mathematische Verfahren	Verfahren der Warteschlangen-theorie	• Aufwand für Problemlösung gering	• Stark beschränkt einsetzbar • Aufwendige Vorleistung notwendig
	Verfahren der digitalen Simu-lationstechnik	• Berücksichtigung aller algo-rithmierbarer Einflußgrößen und Randbedingungen möglich	• Hoher Aufwand für die Entwicklung eines Modells notwendig

Bild 14: Gegenüberstellung relevanter Verfahren zur
Planung von Mehrmaschinenarbeit

3.4 Möglichkeiten zur Rationalisierung bei der Planung von Mehrmaschinenarbeit

Voraussetzung und erster Schritt zu einer Rationalisierung des Planungsprozesses bei Mehrmaschinenarbeit ist die Systematisierung. Sie erstreckt sich insbesondere auf den Aufbau und die Dokumentation von Planungsunterlagen und die Entwicklung reproduzierbarer Planungsmethoden und Hilfsmittel.

Ziel der Systematisierung soll es insbesondere sein, den Planungsablauf so zu gestalten, daß unabhängig von dem einzelnen Planer genaue, aktuelle und reproduzierbare Ergebnisse bezüglich der Systemgrößen einer Mehrmaschinenarbeit und ihrer Auswirkungen vorliegen. Dadurch läßt sich auch eine Beschleunigung der Auftragsabwicklung erreichen. Möglichkeiten und Vorgehensweisen zur Systematisierung der Planung der Mehrmaschinenarbeit sind in den letzten Jahren von Verbänden bzw. deren Arbeitskreisen ausgearbeitet und beschrieben worden /34, 35/. Sie sollen deshalb hier nicht weiter vertieft werden.

Die konsequente Weiterführung der Systematisierung der Planung von Mehrmaschinenarbeit ist die rechnergestützte Durchführung des Planungsprozesses. Dabei kann der Rechner für alle algorithmierbaren Planungsabschnitte eingesetzt werden. Bild 15 zeigt eine generelle Beurteilung einzelner relevanter Planungsabschnitte nach der Planungsart. Hierbei werden die Tätigkeitsabschnitte in formal logische und kreativ logische unterschieden. Daraus lassen sich Aussagen über einen zweckmäßigen Rechnereinsatz ableiten.

PLANUNG VON MEHRMASCHINENARBEIT	Ermittlung vorwiegend	
	formal logisch	kreativ logisch
Analyse des Betriebsmittelparks und des Produktionsprogramms		●
Systemalternativen aufstellen		●
Brach - und Nutzungszeiten ermitteln	●	
Warte- und Tätigkeitszeiten ermitteln	●	
Kosten ermitteln	●	
Optimale Alternative auswählen		●

<u>Bild 15</u>: Beurteilung einzelner Planungsschritte

Die formal logischen Tätigkeitsabschnitte, wie sie beispielsweise zur Ermittlung der Brachzeiten notwendig sind,
können vom Rechner übernommen werden. Planungsabschnitte, die
Kreativität erfordern wie das Zusammenstellen von Systemalternativen, sind nach wie vor vom Arbeitsplaner selbst
durchzuführen. Es ist deshalb keine automatische Planung von
Mehrmaschinenarbeit anzustreben, sondern eine rechnerunterstützte, in der die Planungsaufgabe teilweise manuell, teilweise vom Rechner durchgeführt wird. Kreative Tätigkeitsabschnitte sind dabei von Arbeitsplanern auszuführen, formal
logische vom Rechner.

Um eine solche Aufgabenteilung zu erreichen, ist es sinnvoll,
die Planung der Mehrmaschinenarbeit im Dialog zwischen Arbeitsplanern und Rechner vorzunehmen.

Ziel einer Rationalisierungsmaßnahme zur Planung von Mehrmaschinenarbeit muß daher sein, ein Programmsystem zu entwik-

keln, das, über einen interaktiven Bildschirm gesteuert, im
Dialog mit dem Rechner die Ermittlung der optimalen Größe von
Mehrmaschinenarbeitssystemen ermöglicht.

Dadurch können folgende Verbesserungen bei der Planung von
Mehrmaschinenarbeit erreicht werden:

o größere Genauigkeit der Planungsergebnisse durch die
   Möglichkeit,
   - den Produktionsprozeß besser nachzubilden,
   - den Betrachtungszeitraum ohne hohe Aufwendungen sehr
     lang vorzuwählen,
o den Planer von repetitiven Aufgaben zu entlasten,
o Reduzierung der Planungszeiten.

4   ANFORDERUNGEN AN EIN MODELL ZUR SIMULATION VON
         MEHRMASCHINENARBEIT

4.1   Allgemeines

Die Entwicklung eines Modells mit dem dazugehörigen Programmsystem zur Simulation von Mehrmaschinenarbeit läßt sich nur
dann rechtfertigen, wenn ein dem Aufwand entsprechender zu-
künftiger Einsatz des Programmsystems gewährleistet werden kann.

Um dieser Forderung und der Aufgabenstellung vorliegender
Arbeit gerecht zu werden, wurde deshalb vom Verfasser eine
Ist- und Anforderungsanalyse in systematisch ausgewählten Betrieben des Maschinenbaus und der elektrotechnischen Industrie durchgeführt. Erfaßt wurden dabei über 40 Betriebe mit
ca. 7000 Arbeitsplätzen im Bereich Teilefertigung.

Die Analyse sollte dabei neben einer Bestandsaufnahme von
Modellanforderungen seitens der industriellen Praxis auch
die notwendigen Aussagen über Art und Verknüpfung möglicher

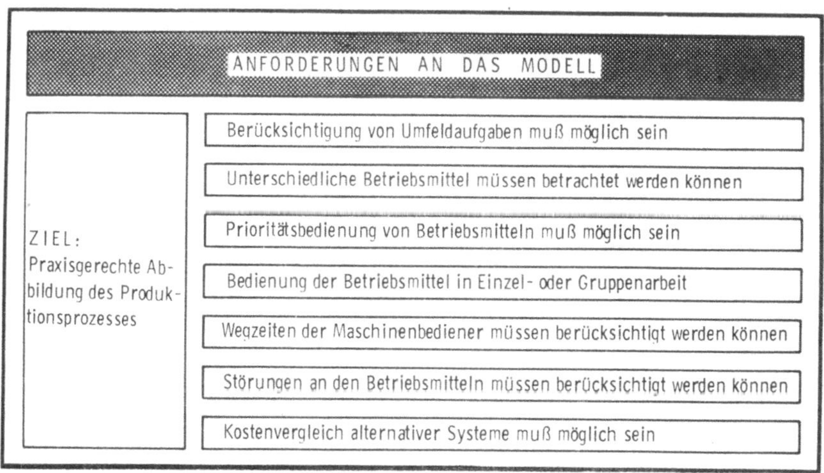

Bild 16: Anforderungen an ein Modell zur Simulation von
         Mehrmaschinenarbeit

Umfeldaufgaben, Bedienstrategien, Störverhalten und der
Störungsauswirkungen liefern.

In Bild 16 sind die wichtigsten Anforderungen aus der Sicht
der industriellen Praxis und die daraus resultierende Aufgabenstellung zusammengefaßt. Eine Diskussion der einzelnen
Forderungen wird in den nachfolgenden Unterkapiteln durchgeführt.

4.2   Umfeldaufgaben

Da das im Rahmen dieser Arbeit zu entwickelnde Modell die
Möglichkeit der Arbeitserweiterung und Arbeitsbereicherung
von Maschinenarbeitern berücksichtigen soll, sind in dem
Modell neben direkten Grundtätigkeiten der Teilefertigung
wie die Teilebearbeitung sowie den dazu notwendigen Einlege-,
Auffüll- und Überwachungs-
arbeiten eine Reihe von
eventuell auftretenden Umfeldaufgaben zu berück-
sichtigen.

Die dazu notwendigen Infor-
mationen über die Art und
Häufigkeit von möglichen
Umfeldaufgaben wurden der
vorher angeführten Bestandsaufnahme entnommen. Bild 17
zeigt eine Zusammenstellung
der relevanten Umfeldauf-
gaben nach Art und Häufigkeit der Nennungen, wie sie
heute schon von Maschinenarbeitern wahrgenommen werden.

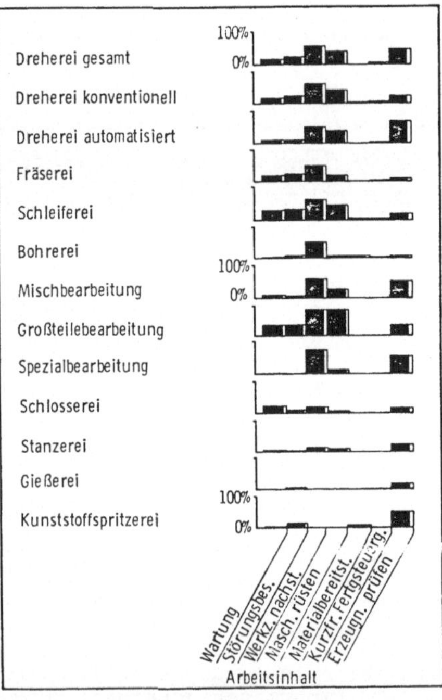

Bild 17: Umfeldaufgaben von
         Maschinenbedienern

- 61 -

Im Anschluß an die Bestandsaufnahme war zu untersuchen, wann
die Umfeldaufgaben auftreten können und wie sie im geplanten
Modell integriert werden können. Dazu mußten zuerst folgende
Fragen geklärt werden:

o Welchen Abhängigkeiten unterliegt der Zeitpunkt des
  Anfalls der einzelnen Umfeldaufgaben?

o Können die Umfeldaufgaben bei vorwiegend produzierender oder stehender Maschine wahrgenommen werden?

Das Ergebnis dieser Analyse ist in Bild 18 zusammengestellt.

UMFELDAUFGABE	Umfeldaufgabe vorwiegend abhängig			Wahrnehmung der Umfeldaufgabe an vorwiegend	
	von der gefertigten Stückzahl	von der Zeit	von dem Zufall	produzierender Maschine	stehender Maschine
Wartung der Betriebsmittel		●			●
Beseitigung von Störungen			●		●
Nachstellen von Werkzeugen	●				●
Rüsten der Betriebsmittel	●				●
Bereitstellung von Materialien	●			●	
Kurzfristige Fertigungssteuerung	●	●		●	
Prüfung der Produktqualität	●			●	

Bild 18: Analyse der Umfeldaufgaben

Die Analyse ergab, daß die Durchführung aller Umfeldaufgaben
auf eindeutig algorithmierbare Zusammenhänge zurückgeführt
werden kann. Die Umfeldaufgaben sind entweder von der gefertigten Stückzahl, von der Zeit oder vom Zufall abhängig.
Wahrgenommen werden sie am stehenden oder am produzierenden
Betriebsmittel. Es ist also möglich, alle Umfeldaufgaben, die
im System zu berücksichtigen sind, im Modell auf einfache Art

aufzunehmen, indem man einen Zeit- und Stückzähler sowie einen
Zufallsgenerator im Modell integriert und die einzelnen Tätigkeiten kodiert. Die Kodierung der Tätigkeiten muß dabei
über Art der Abhängigkeit und wann sie wahrgenommen werden kann,
Auskunft geben.

4.3 Berücksichtigung unterschiedlicher Betriebsmittel

Ca. 70 % der Mehrmaschinenarbeitssysteme in den untersuchten
Betrieben setzen sich aus verschiedenartigen Betriebsmitteln
zusammen. Es ist deshalb für den Aufbau eines praxisgerechten
Modells erforderlich, daß unterschiedliche Betriebsmittel im
System und mit diesen auch unterschiedliche Prozeß- und Verrichtungszeiten bzw. deren Verteilungen im Modell berücksichtigt werden können. Auch muß es möglich sein, daß innerhalb
eines Systems die Maschinenbedienung an einer Maschine nur
während des Produzierens und an einer anderen Maschine nur
während des Stehens stattfinden kann.

4.4 Bedienstrategie

Überall dort, wo zur Durchführung einer Arbeitsaufgabe unterschiedliche Kapazitäten zur Verfügung stehen, treten Reihenfolgeprobleme auf. Diese Reihenfolgeprobleme gilt es mit
Hilfe einer entsprechenden Strategie oder Auswahlordnung zu
lösen oder zumindest in ihren Auswirkungen einzuschränken.

Bei der Mehrmaschinenarbeit liegen zwei Kapazitätspotentiale
vor. Es können zum einen Betriebsmittel auf Bedienung, zum
anderen Maschinenarbeiter oder Einrichter auf eine neue Aufgabe warten. Reihenfolgeprobleme, die durch das Warten der
Maschinenarbeiter auf eine fällig werdende Maschinenbedienung
entstehen, sind relativ problemlos in einem Modell zu lösen.
Es kann und muß hier davon ausgegangen werden, daß alle Maschinenarbeiter das gleiche Leistungsverhalten zeigen und gleich ent-
lohnt werden.

Die Auswahl der als nächstes zu bedienenden Maschine, wenn
mehrere Maschinen auf Bedienung warten, kann die
Wirtschaftlichkeit eines Systems stark beeinflussen. Einfluß-
faktoren und Randbedingungen hierbei sind:

o Auftragslage bzw. der Termindruck an den einzelnen Maschinen
o Gewinn pro Zeiteinheit je Maschine
o Maschinenstundensätze
o zeitliche Dauer der einzelnen Verrichtungen.

Je nach der Wichtigkeit der einzelnen Faktoren oder betrieblichen Randbedingungen ist eine geeignete Bedienstrategie für
das zu untersuchende Mehrmaschinenbediensystem festzulegen.

Bei der Mehrmaschinenarbeit lassen sich die Bedienstrategien
auf zwei Grundformen zurückführen:
1. Turnusbedienung
2. Anforderungsbedienung.

Eine Turnusbedienung liegt dann vor, wenn der Maschinenarbeiter
nach einem vorgegebenen Plan von Maschine zu Maschine geht.
Wurde jede Maschine mindestens einmal passiert, liegt ein
Turnus vor. Bei jedem Rundgang hat der Maschinenarbeiter an den
einzelnen Maschinen entweder überwachend oder bedienend tätig
zu werden. Eine reine Turnusbedienung wurde in den untersuchten Betrieben selten angewandt. Deshalb soll sie in dieser Arbeit nicht weiter vertieft werden.

Im Gegensatz zu der Turnusbedienung wird bei der Anforderungsbedienung der Maschinenarbeiter nur dann aktiv, wenn eine
Maschine Bedienung erfordert. Tritt der Fall ein, daß mehrere
Maschinen auf Bedienung warten und nur ein Maschinenarbeiter
frei ist, so ist bei dieser Bedienungsgrundform eine Auswahlordnung zu treffen. Die wichtigsten davon sind im folgenden aufgelistet.

o "first come-first served" (natürliche Auswahlordnung)
o nach vorgegebenen Prioritäten (fest zugewiesene Vorrang-
   regeln)
o "last come-first served" (inverse Auswahlordnung).

Eine natürliche Auswahlordnung bietet sich z.B. dann an, wenn
die einzelnen Maschinen baugleich sind und gleichartige Teile
darauf gefertigt werden oder wenn die Verrichtungszeiten und
Prozeßzeiten der Maschinen nahezu gleich sind.

Die Auswahlordnung nach vorgegebenen Prioritäten ist insbesondere dann festzulegen, wenn der zu erwirtschaftende Gewinn
je Zeiteinheit und Maschine stark schwankt, der Termindruck
unterschiedlich groß ist oder die Maschinen nur teilweise voll
ausgelastet sind. Die Auswahl der kostengünstigsten Auswahlordnung unter Berücksichtigung aller betrieblichen Randbedingungen bereitet bei zeitgleicher Mehrmaschinen-Gruppenarbeit
und bei zeitungleicher Mehrmaschinenarbeit oftmals große Schwierigkeiten. Teilweise müssen für die Ermittlung der kostengünstigsten Prioritätsregeln gleich hohe Aufwendungen betrieben werden wie für die Bestimmung der Systemgrößen von Mehrmaschinenarbeitssystemen.

Eine inverse Auswahlordnung kommt in der Praxis selten vor. Ihr
Einsatz ist in der Regel nur dann sinnvoll, wenn alle Maschinen den gleichen Stundensatz, die gleichen Verrichtungs-
und Prozeßzeiten aufweisen und auf allen Maschinen das gleiche
Produkt gefertigt wird.

Eine Gegenüberstellung und Beurteilung der einzelnen Auswahl-
ordnungen zeigt Bild 19. Daraus ist ersichtlich, daß eine
Auswahlordnung nach vorgegebenen Prioritäten oder nach dem
Prinzip "first come - first served" sinnvoll und nach Möglichkeit im Modell zu realisieren ist.

Auswahlordnung Eignung für Systeme mit	nach dem Prinzip "first come-first served"	nach vor-gegebenen Prioritäten	nach dem Prinzip "last come-first served"
zeitgleicher Maschinenarbeit	+	●	●
stark unterschiedlicher Maschinenauslastung	−	+	−
überschaubarem Arbeitssystem	+	+	●
langen Wartezeiten	●	●	+
stark unterschiedlichen Prozeßzeiten	−	+	−
stark unterschiedlichen Maschinenstundensätzen	−	+	−

Legende : + gut geeignet ● bedingt geeignet − nicht geeignet

Bild 19: Beurteilung relevanter Bedienstrategien

4.5 Maschinenbedienung in Einzel- oder Gruppenarbeit

Eine weitere wichtige Forderung ist, daß im Modell sowohl
Maschinenbedienung in Einzel- als auch Mehrmaschinenbedienung
in Gruppenarbeit betrachtet werden können soll.
Es muß also möglich sein, daß man z.B. bei vorgegebenem Maschinenpark eine Maschinenbedienung mit einem, zwei, drei...
bis n Maschinenarbeitern simulieren kann.

4.6 Berücksichtigung von Wegzeiten

Besteht ein Arbeitsplatz aus mehreren Maschinen,an denen
der Maschinenarbeiter seine Aufgabe wahrnehmen muß, so entstehen Wegzeiten. Diese Wegzeiten setzen sich aus der Wahr-
nehmungszeit und der Gehzeit zusammen.

Die Gehzeit hängt dabei ab von der Entfernung zwischen den zu
bedienenden Maschinen und der Gehgeschwindigkeit. Die Wahr-
nehmungszeit hingegen hängt ab von dem Maschinenlayout, der
Anzeigeart von Maschinenstillständen und der Arbeitsmethode.

Durch die Wegzeit kann eine Reduzierung der Betriebsmittelnutzung dann eintreten, wenn

        o ein Betriebsmittel auf Bedienung wartet und der
          oder die Maschinenarbeiter noch anderweitig be-
          schäftigt ist/sind,
        o der oder die Maschinenarbeiter frei ist/sind,
          aber nicht erkennbar ist, welches Betriebsmittel
          als nächstes eine Bedienung erfordert.

Keinen Einfluß auf die Maschinennutzung haben die Wegzeiten
dann, wenn ein Maschinenarbeiter eine Maschine zu Ende bedient hat und klar erkennbar ist, welche Maschine als nächste
zu bedienen ist, sowie die Wegzeit in der Prozeßzeit der zu
bedienenden Maschine untergeht.

Eine Berücksichtigung der Wegzeiten kann im Modell unter Zuhilfenahme einer vorher zu ermittelnden mittleren Wegzeit
oder durch reale Wegzeiten geschehen. Für die mittlere Wegzeit
gilt nach /36/:

$$t_{weg} = \frac{\text{Summe der möglichen Weglängen}}{\text{Anzahl der möglichen Wege x Gehgeschwindigkeit}}$$

$$+ \text{ Wahrnehmungszeit} \hspace{3cm} (Gl.2)$$

Da eine Ermittlung der mittleren Wegzeit bei unregelmäßiger
Mehrmaschinenarbeit relativ ungenau ist, erscheint es sinnvoll, für dieses Modell reale Wegzeiten zu verwenden. Eine
Abspeicherung und Generierung läßt sich hierbei ohne große
Aufwendungen über eine Matrix vornehmen. Dabei entsprechen
die Elemente a_{ik} der Matrix den Wegzeiten von der Maschine i
zur Maschine k.

Die Gehzeiten können auf Basis der Systeme vorbestimmter Zeiten ermittelt werden.

4.7 Berücksichtigung von Störungen

4.7.1 Stördauer und Störabstand

Trotz vorbeugender Instandhaltung und regelmäßiger Wartung
lassen sich Maschinenstillstände, bedingt durch Maschinen-
und Werkzeugschäden, im folgenden kurz Störungen genannt,
nicht vermeiden. Diese Störungen wirken sich, je nach Arbeitsorganisation, unterschiedlich auf die Ausbringung der einzelnen Maschinen und das gesamte Mehrmaschinenarbeitssystem aus.
Anfang und Ende von Störungen lassen sich nicht voraussagen.
Jedoch haben Untersuchungen /37/ über das Ausfallverhalten von
Maschinen gezeigt, daß diese Wahrscheinlichkeitsgesetzen unterliegen. Es konnte nachgewiesen werden, daß Stördauer und
Störabstand im allgemeinen negativ exponentiellen Verteilungen
folgen.

Das Störverhalten von voneinander unabhängigen Maschinen läßt
sich demnach nach den Gesetzen der Wahrscheinlichkeit durch
die Dichtefunktionen von Stördauer und Störabstand beschreiben.
Bild 20 zeigt beispielhaft die relative Häufigkeitsverteilung
von Stördauer und Störabstand, wie sie vom Verfasser an einem
Drehautomaten aufgenommen wurde.

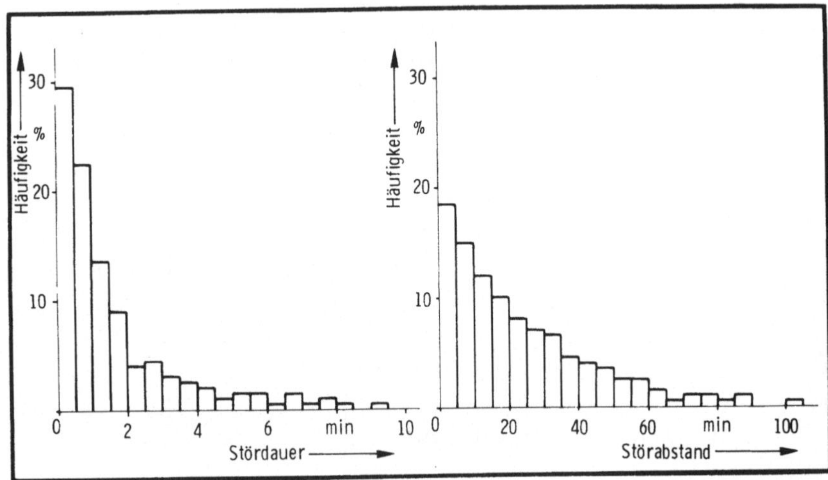

<u>Bild 20</u>: Relative Häufigkeit von Stördauer und Störabstand
eines Drehautomaten

Für die Dichtefunktion einer Exponentialverteilung gilt allgemein:

$$f(t) \quad = \lambda\, e^{-\lambda \cdot t} \qquad (Gl.3)$$

dabei ist: t die gesuchte Stördauer bzw. der gesuchte
Störabstand
λ der Kehrwert der mittleren Stördauer bzw.
des mittleren Störabstandes,

Die Wahrscheinlichkeitsverteilungsfunktion F(t) läßt sich
durch Integration der Dichtefunktion f(t) ermitteln.

Demnach ist

$$F(t) = \int_0^t f(t) \cdot dt$$
$$= 1 - e^{-\lambda \cdot t} \qquad (Gl.4)$$

Mit Hilfe der aus empirischen Untersuchungen gewonnenen Häufigkeits- bzw. Wahrscheinlichkeitsverteilungen von Stördauer und Störabstand lassen sich nun auf Basis der Wahrscheinlichkeitsgesetze Störungen eines Produktionsprozesses simulieren. Dazu kann man sich eines gleichverteilten Zufallsgenerators bedienen, der eine Zufallszahl Z im Intervall (0,1) generiert. Diese Zufallszahl Z deckt die Verteilungsfunktion F (t) ab.

$$Z = 1 - e^{-\lambda \cdot t} \qquad \text{(Gl. 5)}$$

(Gl. 5) aufgelöst nach t ergibt:

$$t = - \frac{1}{\lambda} \cdot \ln (1 - Z) \qquad \text{(Gl. 6)}$$

Da Z im Intervall (0,1) gleichverteilt ist, ist auch der Term (1 - Z) gleichverteilt. Somit kann vereinfacht werden:

$$t = - \frac{1}{\lambda} \cdot \ln Z \qquad \text{(Gl. 7)}$$

Der zeitliche Abstand zwischen 2 Störungen an einem Betriebsmittel - der Störabstand - auf Basis der Nutzungszeit ergibt sich somit zu

$$t_{sa} = - \bar{t}_{sa} \cdot \ln Z \qquad \text{(Gl. 8)}$$

Die Stördauer t_s einer Störung läßt sich aus der gleichen Grundgleichung (Gl. 7) ermitteln. Für die Stördauer gilt:

$$t_s = - \bar{t}_s \cdot \ln Z \qquad \text{(Gl.9)}$$

4.7.2   Organisation der Störungsbeseitigung

Einen starken Einfluß auf die zeitliche Ausnutzung des Mehrmaschinenarbeitssystems und somit auch auf die Modellbildung übt

die Organisation der Störungsbeseitigung aus. Die Beseitigung
der Störung kann je nach betrieblichen Gegebenheiten durch
Instandhaltungspersonal oder durch die Maschinenarbeiter vorgenommen werden. Eine Analyse der wichtigsten Auswirkungen
unterschiedlicher Organisationsformen der Störungsbeseitigung
ist in __Bild 21__ zusammengestellt.

Fall	Störungsbeseitigung durch:	Auswirkungen auf die zeitliche Nutzung	
		der gestörten Maschinen	der anderen Maschinen
1	spezielles Reparaturpersonal	Verlängerung der Ausfalldauer um die Wegzeit	keine eventuell höhere zeitliche Nutzungszeit
2	Maschinenarbeiter oder spezielles Reparaturpersonal (Beseitigung von kleineren Störungen durch Maschinenarbeiter; Beseitigung von größeren Störungen durch spezielles Reparatur- personal; Störungsbeseitigung hat Vorrang)	am geringsten eventuell Verlängerung der Ausfalldauer um Wegzeit	keine eventuell geringere zeitliche Nutzung
3	Maschinenarbeiter oder spezielles Reparaturpersonal (Beseitigung von kleineren Störungen durch Maschinenarbeiter; Beseitigung von größeren Störungen durch spezielles Reparatur- personal; Nebennutzungszeit anderer Betriebsmittel hat Vorrang)	Verlängerung der Ausfalldauer	keine
4	Maschinenarbeiter (Störungsbeseitigung der gestörten Betriebsmittel hat Vorrang)	am geringsten	geringere zeitliche Nutzung
5	Maschinenarbeiter (Nebennutzung anderer Betriebsmittel hat Vorrang)	Verlängerung der Ausfalldauer	keine

__Bild 21__: Alternative Organisationsformen der Störungsbeseitigung

Am häufigsten trifft man in der industriellen Praxis folgende
2 Fälle der Störungsbeseitigung an:

1. Alle Störungen werden durch spezielles Instandhaltungspersonal beseitigt (Fall 1).
2. Kleinere Störungen werden vom Maschinenarbeiter und größere
   Störungen durch den Reparateur beseitigt (Fall 2).

Demzufolge ist das Modell insbesondere auf die Fälle 1 und 2
auszurichten. Wird die Instandsetzung vom Reparateur durchgeführt,
ist neben der Stördauer t_s eine Wartezeit t_{ws} zu berücksichtigen (Warten auf den Reparateur).

4.8 Kostenrechnung

Da eine Beurteilung über die wirtschaftlichen Einsatzmöglichkeiten von alternativen Mehrmaschinenarbeitssystemen allein aufgrund von genutzten Kapazitäten nicht möglich ist, kann auf eine
abschließende Kostenrechnung oder eine Kostenvergleichsrechnung
im Modell nicht verzichtet werden.

Die Kostenberechnung soll dem Arbeitsplaner die Kostensituation
der Mehrmaschinenarbeitssysteme offenlegen und im Planungsstadium als Entscheidungsgrundlage für die Auswahl von Systemalternativen dienen. Dabei sind die verschiedenen betriebsspezifischen
Gegebenheiten zu berücksichtigen wie z.B. die Auftragssituation.

Für die Kostenrechnung bieten sich zwei weit verbreitete Verfahren an:

  o die Zuschlagskalkulation
  o die Zuschlagskalkulation mit
    Maschinenstundensätzen.

Die Zuschlagskalkulation basiert auf einer Trennung von Einzel-
und Gemeinkosten. Sie läßt sich dort anwenden, wo Erzeugnisse
mit unterschiedlichen Kosten an Material und Fertigungslöhnen
hergestellt werden /38/. Dabei erfolgt die Verrechnung der Betriebsmittelkosten und der damit verbundenen Kosten über einen
durchschnittlichen Fertigungsgemeinkostenzuschlag auf den Fer-
tigungslohn.

Arbeitsgänge an billigen Betriebsmitteln werden somit kostenmäs-
sig zu hoch, an teuren Betriebsmitteln kostenmäßig zu gering an-
gesetzt. Um diese Fehler zu vermeiden, werden bei der Zuschlagskalkulation mit Maschinenstundensätzen die durch die Betriebsmittel verursachten Kosten aus den Gemeinkosten herausgezogen,
gesondert berechnet und dem jeweiligen Kostenträger direkt zu-
gerechnet.

Nach diesem Herausziehen der Betriebsmittelkosten aus den
Fertigungsgemeinkosten lassen sich diese weiter aufspalten in
Restfertigungsgemeinkosten und Lohnnebenkosten.

Für die Berechnung der Fertigungskosten bei Mehrmaschinenarbeit
soll aus den oben beschriebenen Gründen die Zuschlagskalkulation
mit Maschinenstundensätzen eingesetzt werden. Dazu kann auf bereits bestehende Modelle der Zuschlagskalkulation mit Maschinenstundensätzen /39/ zurückgegriffen werden, die hinsichtlich der
speziellen Anforderungen der Kostenberechnung bei Mehrmaschinenarbeit allerdings modifiziert und erweitert werden müsssen.

Zu berechnen sind im Modell dabei diejenigen Kosten, die für
eine Kostenbeurteilung von alternativen Mehrmaschinenarbeitssystemen relevant sind. Es sind dies Kosten, die durch die Variablen Maschinenzahl, Mitarbeiterzahl, Tätigkeitsprofile der
Mitarbeiter und Bedienstrategie beeinflußt werden können.

4.8.1 Lohnkosten

Die Lohnkosten können nur im Zusammenhang mit der Lohnform ge-
sehen werden.

Beim Zeitlohn ist die Entlohnungsgrundlage die reine Arbeits-
zeit. Der Lohn je Zeiteinheit ist fest; der Lohn je produzier-
tem Stück steigt oder fällt proportional der benötigten Zeit.

Für eine in Zeitlohn entlohnte Arbeitskraft gilt:

$$K_L = T \cdot L \qquad \text{(Gl. 10)}.$$

Den Lohnkosten sind bei der Ermittlung der Fertigungskosten die
Lohnnebenkosten und die Restfertigungsgemeinkosten zuzuschlagen.

An Lohnkosten entstehen somit in einem Mehrmaschinenarbeitssystem

$$K_{L,GS} = \sum_{i=1}^{n_{MA}} T_i \cdot L_i \qquad (Gl.\ 11).$$

Basis einer Entlohnung der Arbeitskräfte im Akkordlohn bildet die erarbeitete Akkordzeit. Der Lohn ist abhängig von den gefertigten Stückzahlen je Zeiteinheit. Voraussetzung der Akkordentlohnung bei einer Mehrmaschinenarbeit ist, daß die Zeiten vorgegeben werden können und daß die Ausbringung beeinflußbar ist. Bei der Mehrmaschinenarbeit sind diese Voraussetzungen oft nur bedingt erfüllbar.

Die Lohnkosten K_L bei Akkordentlohnung sind

$$K_L = T \cdot \frac{l_g}{100\%} \cdot L_A \qquad (Gl.\ 12).$$

Eine dritte Möglichkeit der Entlohnung stellt der Prämienlohn dar. Der Prämienlohn baut hierbei auf einen Grundlohn, der meist ein Zeitlohn ist, und auf eine Prämie auf.
Bezugsgröße der Prämie kann dabei zum Beispiel sein /40/:

- die Betriebsmittelnutzung
- die Mengenleistung
- die Qualität.

Für die Lohnkosten bei Prämienentlohnung gilt

$$K_L = T \cdot L_{GL} + P \qquad (Gl.\ 13).$$

4.8.2 Betriebsmittelkosten

Die Betriebsmittelkosten werden
durch die in **Bild 22** unter Maschinenkosten vorgestellten
Kostenarten beschrieben. Für die
Kostenrechnung mit Maschinenstundensatz (Maschinenkosten je Stun-
de) ist dieser zu untergliedern
in einen fixen (nutzungsabhän-
gigen) und variablen (nutzungs-
unabhängigen) Bestandteil. Die
fixen, also rein zeitabhängigen
Kostenarten sind auf die kalku-
latorische Abschreibung, die
kalkulatorischen Zinsen, die
Raumkosten, die Versicherungskosten und die zeitabhängigen
Instandhaltungskosten zurückzuführen /41/.

LOHNEINZELKOSTEN

+ ....% LOHNNEBENKOSTEN wie
- Sozialkosten
- Urlaubsgeld
- Lohnfortzahlung etc.

+ ....% RESTFERTIGUNGSGEMEINKOSTEN wie
- Hilfslöhne
- Versorgungsbetriebe etc.
- Hilfsstoffe

+ MASCHINENKOSTEN
- Fixe Kosten
  - kalkulierte Abschreibung
  - kalkulierte Zinsen
  - Raumkosten
  - Versicherungskosten
  - Instandhaltungskosten anteilig
- Variable Kosten
  - Energiekosten
  - Hilfsstoffe
  - Instandhaltungskosten anteilig

= FERTIGUNGSKOSTEN

Bild 22: Fertigungskosten

Der variable Anteil des Maschinenstundensatzes, der proportional
zu den mehrmaschinenbedingten Brachzeiten sinkt, resultiert aus
den Hilfsstoffkosten, den Instandhaltungskosten, die auf Ge-
brauchsverschleiß zurückzuführen sind, und aus den Energiekosten.

Die Kosten des Produktionsfaktors Betriebsmittel errechnen sich
somit zu

$$K_{BM} = T \cdot M_{fix} + (T - t_b) \cdot M_{var} \qquad (Gl.\ 14).$$

Ausgehend von den mit Hilfe der Simulation gewonnenen Ergebnissen
- den mehrmaschinenbedingten Brach- und Wartezeiten sowie den
Nutzungs- und Tätigkeitszeiten - können die für das Entschei-
dungsproblem entstehenden relevanten Kosten berechnet werden.

Dazu bieten sich zwei Kostenrechnungen bzw. Vergleichsrechnungen an:

o Fertigungs- oder Arbeitsstückkostenrechnung
o Differenzrechnung zu einem kostenmäßig idealen Mehrmaschinenarbeitssystem.

Beide Arten der Kostenbeurteilung können als Entscheidungshilfe
zur Auswahl des optimalen Mehrmaschinenarbeitssystems herangezogen werden und sollen deshalb in das Modell mit aufgenommen
werden.

5 MODELL UND PROGRAMMSYSTEM ZUR SIMULATION VON MEHRMASCHINENARBEIT

5.1 Aufbau des Programmsystems

5.1.1 Grobablauf des Programmsystems

Entsprechend der Aufgabenstellung dieser Arbeit wurde ein Modell
und ein Programmsystem entwickelt, mit dem eine Mehrmaschinenarbeit simuliert werden kann. Dabei wurden alle in Kapitel 4 beschriebenen Modellanforderungen berücksichtigt. Variabel können
im Programmsystem die Maschinenzahl, die Maschinenarbeiterzahl,
die Einrichterzahl und die zu erfüllenden Aufgaben für Maschinenarbeiter und Einrichter gehalten werden. Neben durchzuführ-
enden Grundtätigkeiten an den Maschinen wie das Spannen der
Teile können auch Umfeldaufgaben wie der Teiletransport, die
Teileprüfung oder das Selbstrüsten der Maschinen mit berücksichtigt werden. Ermittelt werden je Systemalternative die Brach-
und Nutzungszeiten der Maschinen, das Tätigkeitsprofil einschließlich der Wartezeiten der Maschinenarbeiter und Einrichter sowie
die relativen Kosten.

Den Grobablauf des für diese Problemstellung entwickelten
Programmsystems zeigt <u>Bild 23</u>.

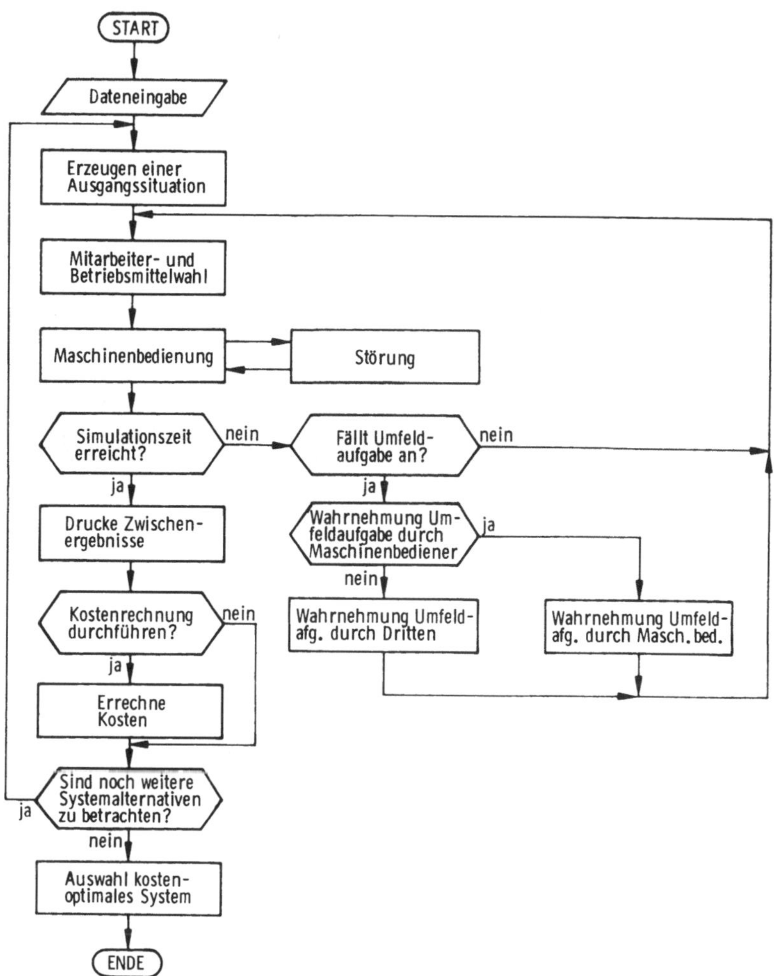

Bild 23: Grobstruktur des Programms

Im folgenden sollen nun die EDV-technischen Anforderungen an
das Programmsystem zusammengefaßt und anschließend der Aufbau
sowie die wichtigsten Bausteine des Modells und Programmsystems
sowie die Generierung verwendeter Zufallsdaten beschrieben werden.

5.1.2 EDV-technische Anforderungen an das Programmsystem

Um eine möglichst große Einsatzbreite und Übertragbarkeit für das Programmsystem zur SImulation von MEhrMAschinenarbeit (SIMEMA) zu erzielen, muß bei der Systementwicklung eine Vielzahl von EDV-technischen Anforderungen berücksichtigt werden. Die wichtigsten hiervon sollen im folgenden kurz wiedergegeben werden (Bild 24).

ANFORDERUNGEN AN DAS PROGRAMMSYSTEM
SIMEMA

Allgemeine Anforderungen	Programmaufbaubezogene Anforderungen	Programmtechnische Anforderungen
• Portable Programmiersprache	• Modularer Programmaufbau	• Verwendung von Standardbefehlen
• Dialogfähiger Programmeinsatz	• Einfacher Programmaufbau	• Übersichtliche Ein-und Ausgabe
• Wirklichkeitsnahe Abbildung der Mehrmaschinenarbeit	• Einfache Änderungsmöglichkeit	• Kurze Rechenzeit
	• Einfache Erweiterungsmöglichkeit	• Geringer Speicherplatzbedarf
	• Kompatible Schnittstellenbildung	

Bild 24: Anforderungen an den Aufbau des Programmsystems

Eine wichtige Voraussetzung zur reibungslosen Anpassung des Programmsystems an die unterschiedlichen Rechnerkonfigurationen möglicher Anwender ist der Einsatz einer portablen, d.h. einer weitgehend anlagenunabhängigen Programmiersprache.

Da die Planung von Mehrmaschinenarbeit Tätigkeitsschritte beinhaltet, die vorwiegend kreativ sind und nicht mit einem angemessenen Aufwand algorithmiert und in einen Programmodul umgesetzt werden können, ist ein interaktiver Programmeinsatz sinnvoll. Dialogfähig aufgebaute Programme ermöglichen zudem eine einfache Programmanpassung an geänderte Randbedingungen.

Der Einsatz von überbetrieblich anwendbaren Programmsystemen
erfordert oftmals eine Anpassung einiger Programmelemente an
spezifische Betriebsgegebenheiten. Aus diesem Grunde sind die
programmaufbaubezogenen Anforderungen an das Programmsystem von
großer Bedeutung. Ein übersichtlicher Programmaufbau ermöglicht
eine einfache Änderung und Erweiterung des Programms. Dies läßt
sich durch die unter dem Begriff Modulartechnik bekannt gewor-
dene Art der Systemerstellung erreichen.

Zur Sicherung der problemlosen Übertragbarkeit sollen nur
Standardbefehle im Programmsystem verwendet werden. Darüber-
hinaus soll die Ein- und Ausgabe übersichtlich gestaltet werden, so daß der Einarbeitungsaufwand möglichst gering ist.

Weitere wichtige Forderungen an das Programmsystem sind ein
möglichst geringer Speicherplatzbedarf - so daß Kleinrechner
für diese Aufgabenstellung herangezogen werden können - und
kurze Rechenzeiten. Diese Forderungen stehen teilweise im Wider-
spruch zu den programmaufbaubezogenen Anforderungen.

Von den heute eingesetzten Programmiersprachen, die diese Forderungen erfüllen, dominiert im technisch-wissenschaftlichen
Bereich FORTRAN nach DIN 66027 /42/. Es erscheint deshalb sinnvoll, das Programmsystem zur SImulation von MEhrMAschinenarbeit (SIMEMA) in der Programmiersprache FORTRAN zu schreiben.

5.1.3 Programmstruktur

Da das Modell und Programmsystem möglichst universell eingesetzt
werden sollte, war es notwendig, ein Steuer- und Generierungspro-
gramm dem eigentlichen Programm vorzuschalten. Das Programm
selbst besteht aus 18 Unterprogrammen; die Struktur des Programmsystems zeigt Bild 25.

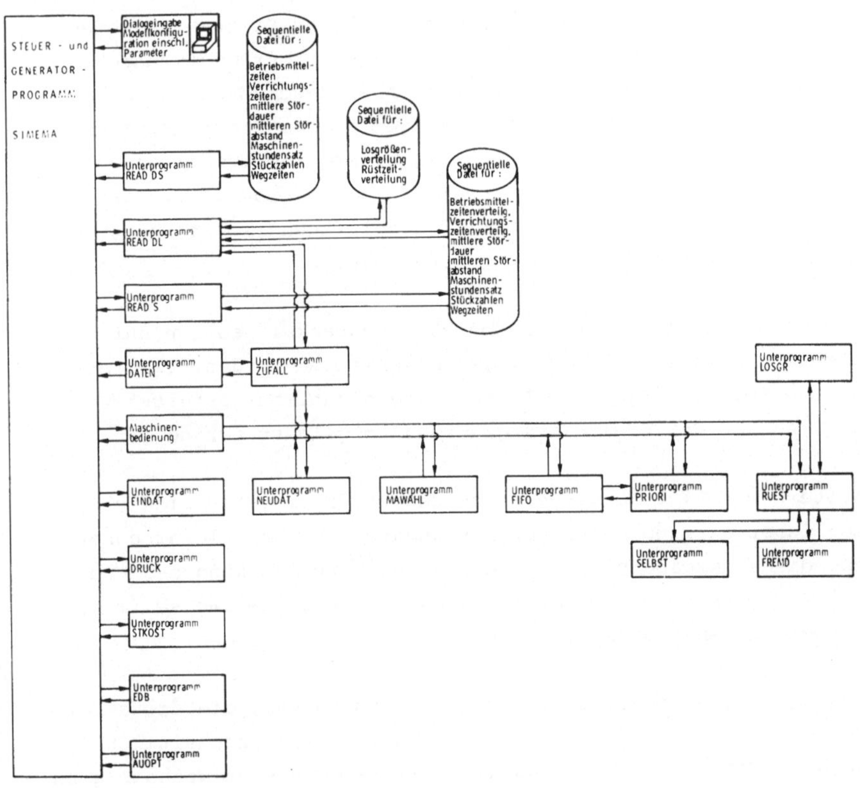

Bild 25. Programmaufbau

Mit Hilfe des Steuer- und Generierprogrammes wird der Programm-
ablauf dem Problem, d.h. dem jeweils zu betrachtenden Mehrmaschinenarbeitssystem, angepaßt. Dies geschieht im Dialogverkehr.
Liegt beispielsweise eine stochastische Mehrmaschinenarbeit vor,
so wird dies kodiert eingegeben und die für die Simulation dieser
Mehrmaschinenart notwendigen Programmsegmente und Unterprogramme
werden automatisch aktiviert. Die für die Simulation benötigten Daten stehen auf Dateien und werden bei Bedarf jeweils eingelesen.

5.2 Beschreibung der wichtigsten Programmodule und ihrer Algorithmen

5.2.1 Eingabe der Daten in den Rechner

Die Eingabe der Daten und der Beschreibungsmerkmale alternativer Systemkonfigurationen erfolgt im Dialog zwischen Arbeitsplaner und Rechner über Bildschirmterminal. Im direkten Dialog werden die Beschreibungsmerkmale der momentan zu bearbeitenden Systemkonfigurationen eingegeben. Dabei wird die Eingabe vom Steuerprogramm über den Bildschirm durch darauf angezeigte Eingabeanforderungen gesteuert. Der Arbeitsplaner hat hierbei die Aufgabe, im Anschluß an die jeweilige Eingabeaufforderung die geforderte Information formatiert einzugeben.

Zu beginnen ist mit der Eingabe von Kopfdaten wie Mehrmaschinenarbeitssystembeschreibung, Bearbeiter und Datum. Im Anschluß daran sind die innerhalb des Rechnerlaufs zu bearbeitenden Systemkonfigurationen zu beschreiben. Dies geschieht durch Eingabe der Art der Maschinenarbeit, der minimalen und maximalen im System tätigen Maschinenbedienerzahl, der Einrichterzahl der zu bedienenden Maschinen und der Bedienstrategie. Weiter sind, sofern eine Kostenvergleichsrechnung zwischen den einzelnen Arbeitssystemen erwünscht ist, Lohnkostendaten einzugeben. Abschließend ist die Dauer des zu simulierenden Produktionsprozesses festzulegen.

Bild 26 zeigt beispielhaft einen Ausschnitt aus einem Bildschirmeingabeprotokoll.

Die Prozeßzeiten, die Verrichtungszeiten, die Zeiten zur Durchführung von Umfeldaufgaben, die mittlere Stördauer, der mittlere Störabstand, der Maschinenminutensatz je Maschine, Losgrößen sowie die Wegzeiten sind vor dem Programmaufruf im Dialogverkehr bei Bedarf über den Bildschirm auf eine sequentiellorganisierte Datei zu bringen. Auf dieser Datei können die Daten aller Maschinen, die für eine Mehrmaschinenbedienung in Betracht kommen, abgespeichert werden. Abgerufen werden die Daten nach Bedarf und Anfall über die Unterprogramme READ DS bei einer deterministischen Mehrmaschinenarbeit in der Massenfertigung oder READ DL (bei einer Losfertigung) bzw. mit Hilfe des Unterprogramms READ S bei stochastischer Mehrmaschinenarbeit und der Losfertigung.

```
MEHRMASCHINENARBEITSSYSTEMBESCHREIBUNG (20 ZEICHEN):
BEARBEITER (14 ZEICHEN):
DATUM (10 ZEICHEN):
ART DER MEHRMASCHINENARBEIT (DETERMINISTISCH-STOCHASTISCH = 1
                            DETERM.-STOCHAST. (LOSFERTIGUNG) = 3
                            STOCHASTISCH = 2/ I 1)
BEDIENSTRATEGIE (FIRST COME-FIRST SERVED = 1
                PRIORITAETEN = 2/ I 1):
MASCHINENBEDIENER (MIN. MAX. /2I2):
EINRICHTERANZAHL (MAX. 5 EINRICHTER/i1/:
BETRIEBSMITTELANZAHL (MAX. 20/ I 2):
KOSTENRECHNUNG ERWUENSCHT (KEINE = 0
                          DECKUNGSBEITRAGSRECHNUNG = 1
                          STÜCKKOSTENRECHNUNG = 2
                          BEIDE KOSTENRECHNUNGSARTEN = 3/ I 1):
LOHNKOSTEN MASCHINENBEDIENER (DM/MIN/F 4.2):
LOHNKOSTEN EINRICHTER (DM/MIN/F 4.2):
VERRECHNUNG EINRICHTERKOSTEN (EINRICHTER VOLL DEM SYSTEM ZUZUSCHLAGEN = 1
                             EINRICHTER ANTEILIG DEM SYSTEM ZUZUSCHLAGEN = 2/ I 1):
ANZAHL ZEITKLASSEN (I 2):
ANZAHL LOSGROESSEN-KLASSEN (I 2):
SIMULATIONSDAUER (MIN/F 7.2):
```

Bild 26: Ausschnitt aus einem Bildschirmeingabeprotokoll

Mit dieser Trennung von Eingabedaten im direkten Dialog bei Anlauf des Programmsystems und Eingabedaten auf eine sequentielle Datei wird eine Vereinfachung der Eingabeaufwendungen erzielt. Dies geschieht dadurch, daß in der sequentiellen Datei Basisdaten abgespeichert werden, wie z.B. die einzelnen Verrichtungszeiten je Arbeitsstelle, die bei Änderung der Arbeitsaufgabe oder bei Maschinenkombinationsänderung teilweise wiederverwendet werden können. Ein Grobflußdiagramm dieses Programmschrittes zeigt Anlage A1.1

5.2.2 Erzeugung eines Ausgangszustandes

Dieser Programmodul ist in dem Steuer- und Generierprogramm
integriert und dient zum Erzeugen einer Ausgangssituation. Dabei ist unter "Erzeugen einer Ausgangssituation" eine erste Bedienung von Maschinen durch die sich im System befindlichen Maschinenbediener zu verstehen. Alle Maschinenbediener beginnen
dabei zum Zeitpunkt T = O mit der Bedienung jeweils einer Maschine.

Unabhängig davon, ob die Maschinenbedienung nach Prioritäten
oder nach dem Prinzip "first come - first served" erfolgt, werden für diese erste Maschinenbedienung Maschinen mit steigender Maschinennummer und Maschinenarbeiter mit steigender
Arbeiterzahl zugeordnet. Die Erzeugung des Ausgangszustandes
wird automatisch zu Beginn der Simulation für jede einzelne
Alternative vorgenommen. Der Algorithmus dieses Programmabschnittes ist in Bild 27 dargestellt.

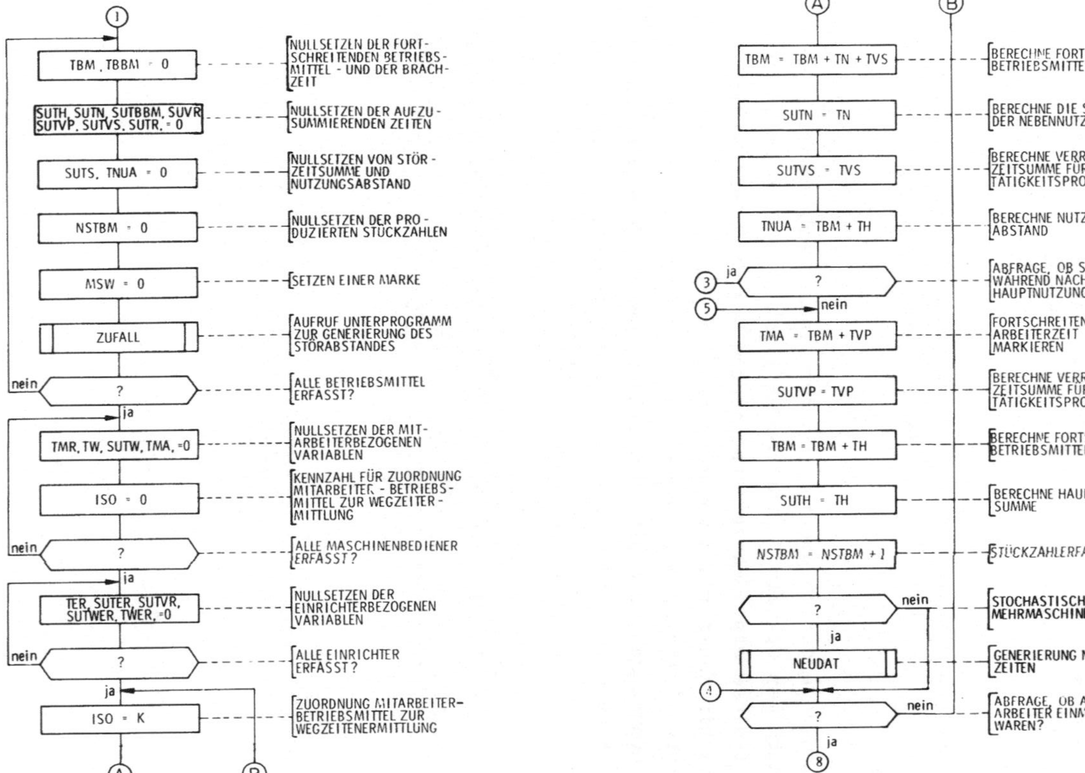

Bild 27: Erzeugen einer Ausgangssituation

5.2.3 Auswahl des als nächstes tätig werdenden Maschinenarbeiters

In diesem Planungsschritt wird mit Hilfe einer im Programm integrierten Entscheidungslogik die Auswahl des als nächstes tätig
werdenden Maschinenarbeiters getroffen. Der Auswahlalgorithmus
des Maschinenarbeiters ist nach dem Prinzip "first come - first
served" aufgebaut. Werden zwei Mitarbeiter zu demselben Zeitpunkt
T frei, so wird der Mitarbeiter ausgewählt, der die kleinere Be-
dienerkennzahl aufweist.

5.2.4 Auswahl des als nächstes zu bedienenden Betriebsmittels

Gemäß den Anforderungen an das Modell sind in diesem Planungsschritt "Betriebsmittelauswahl" alternativ zwei Auswahlregeln -
nämlich nach dem Prinzip "first come - first served" oder nach
Prioritätenregeln - zu berücksichtigen.

5.2.4.1 Auswahlordnung nach dem Prinzip "first come - first served"

Die Auswahlregel "first come - first served" ist vorzugsweise
zur Simulation von Mehrmaschinenarbeitssystemen mit Betriebsmitteln ähnlicher Kostenstruktur und Auslastung einzusetzen. Der
dieser Auswahlregel zugrunde gelegte Ablauf ist ähnlich dem der
Maschinenbedienerauswahl. Abgespeichert ist diese Auswahlregel in dem Unterprogramm FIFO (Bild 28).

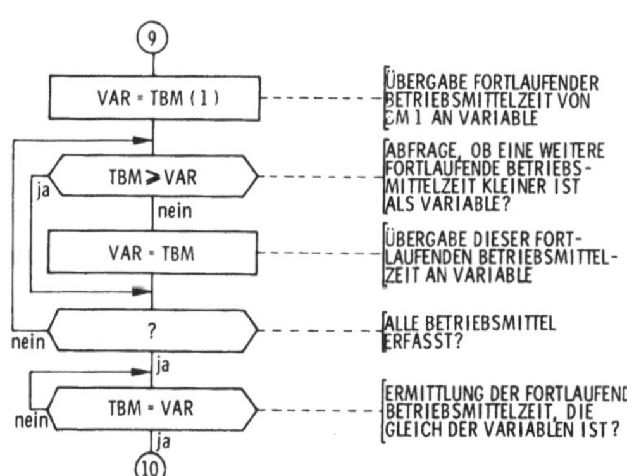

Bild 28: Auswahlordnung nach dem Prinzip "first come - first served"

5.2.4.2 Auswahlordnung nach vorgegebenen Prioritäten

Um einen möglichst einfachen und flexibel handhabbaren
Auswahlalgorithmus im Modell einbauen zu können, mußten
relevante Alternativen hierzu erstellt und auf ihre Eignung
(siehe Kapitel 4) untersucht werden. Als die für die Aufgabenstellung geeignetste Alternative erschien die in <u>Bild 29</u> vorge-
stellte.

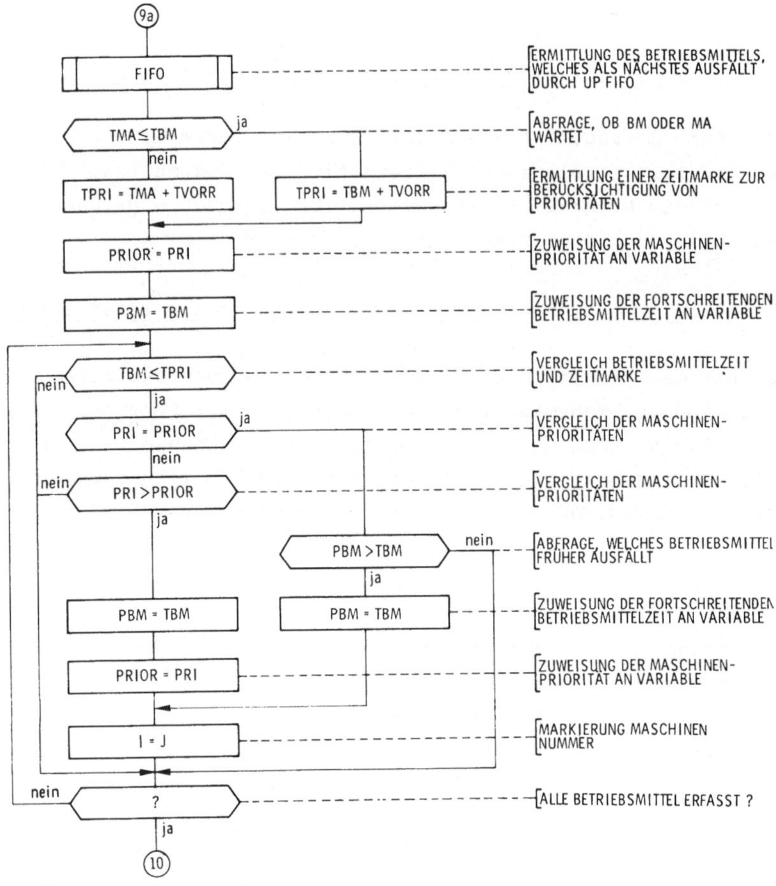

<u>Bild 29</u>: Grobstruktur des Programmoduls "Betriebsmittelauswahl
nach vorgegebenen Prioritäten"

Bei dieser Betriebsmittelauswahl ist eine Erweiterung einer Datei
notwendig. In dieser Datei sind die Prioritätskennzahlen der Betriebsmittel und ein "Vorrangzeitwert" abzulegen. Dabei gibt die
Prioritätskennzahl die Wichtigkeit des Betriebsmittels an. Es
kann mehreren Betriebsmitteln dieselbe Prioritätskennzahl zugewiesen werden.

Die Variable "Vorrangzeitwert TVORR" (<u>Bild 30</u>) wird dann für den
Entscheidungsprozeß benötigt, wenn die als nächstes zum Stehen
kommende Maschine nicht die max. Priorität besitzt. In diesem
Falle wird, je nachdem, ob zuerst die Maschine oder der Maschinenbediener auf Bedienung wartet, entweder zu der Zeit TMA oder
TBM der Vorrangzeitwert addiert. Anschließend wird überprüft, ob
ein Betriebsmittel höherer Priorität innerhalb dieses Zeitraumes zum Stillstand kommt. Ist dies der Fall, dann ist dieses
Betriebsmittel zu bedienen. Wird TVORR = O gesetzt, findet ein
Entscheidungsprozeß nur dann statt, wenn mehrere Betriebsmittel
auf Bedienung warten und ein Mitarbeiter frei wird. Es wird dann
unter den stehenden Betriebsmitteln das ausgesucht, das die
höchste Prioritätskennzahl führt. Die Betriebsmittelauswahl nach
Prioritäten wird im Unterprogramm PRIOR vorgenommen.

Die Unterprogramme FIFO und PRIOR sind alternative Programm-
module. Die Montage des für den Rechnerlauf - je nach vorliegen-
dem Problem - geeigneten Unterprogramms erfolgt mit Hilfe des
Steuer- und Generierprogramms SIMEMA durch eine Dialogeingabe
des Arbeitsplaners.

5.2.5   Berechnung der Brach- und Wartezeiten

Ziel dieses Programmschrittes ist es, die Brachzeit der
Maschinen und die Wartezeit der Mitarbeiter für das alternative Mehrmaschinenarbeitssystem zu ermitteln. Die Ermittlung der Brach- bzw. Wartezeiten erfolgt über einen Abgleich
der fortschreitenden Betriebsmittelzeit und der fortschreitenden Mitarbeiterzeit des Mitarbeiters, der momentan das Be-

triebsmittel bedient (<u>Bild 30</u>). Bei diesem Abgleich müssen jeweils die Wegzeiten berücksichtigt werden. In der Brachzeitermittlung ist noch zu unterscheiden zwischen

 o mehrmaschinenarbeitbedingter Brachzeit

 o Brachzeit durch fehlendes Reparaturpersonal

 o Brachzeit durch fehlendes Einrichterpersonal.

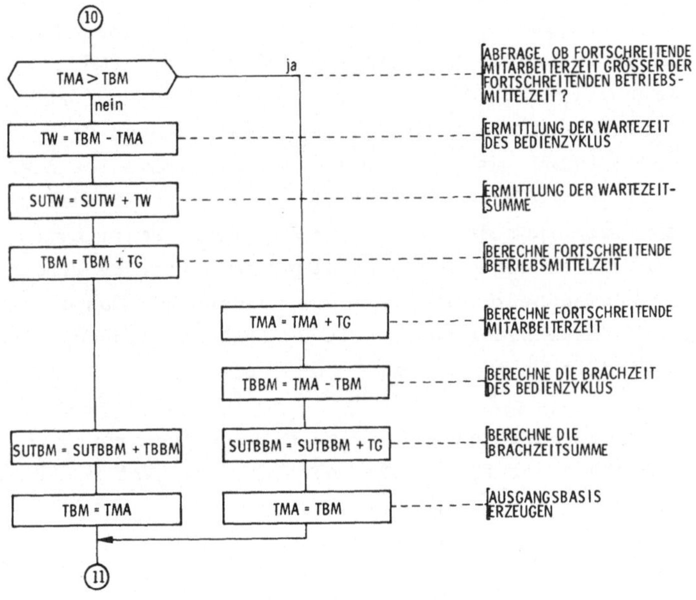

<u>Bild 30</u>: Grobstruktur des Programmschrittes
     "Ermittlung der Brach- und Wartezeiten"

Durch diese Unterscheidung wird es mit ermöglicht, im Planungsstadium Arbeitssysteme zu vergleichen, in denen die Mitarbeiter im Sinne einer Aufgabenerweiterung oder -bereicherung zusätzliche Aufgaben wie Rüsten der Betriebsmittel wahrnehmen.

5.2.6 <u>Bedienung des Betriebsmittels durch den Maschinen-</u> <u>arbeiter</u>

Nach der Auswahl von Betriebsmittel und Maschinenarbeiter sowie
der Brach- und Wartezeitermittlung hat die eigentliche Maschinenbedienung zu erfolgen. Berücksichtigt werden müssen neben
der Grundbedienung, wie schon in Kapitel 4 beschrieben, Tätigkeiten im Sinne der Arbeitserweiterung und Arbeitsbereicherung,
die an stehender oder produzierender Maschine in Abhängigkeit
von der Zeit oder der gefertigten Stückzahl wahrgenommen werden (<u>Bild 31</u>).

Um dies zu erreichen, ist in diesem Programmabschnitt ein ma-
schinenabhängiges Teilezählwerk und Zeitlaufwerk eingebaut.
Dieses Teilezählwerk und Zeitlaufwerk gibt, wenn eine in einer Datei eingespeicherte Stückzahl oder ein Zeitabschnitt
erreicht ist, einen Impuls zur Durchführung einer oder mehrerer weiterführender Tätigkeiten oder Umfeldaufgaben.

Die dafür erforderlichen Zeitwerte werden aus der sequentiellen
Datei abgerufen und zur fortschreitenden Mitarbeiterzeit hin-
zuaddiert. Je nachdem, ob die arbeitsstellenbezogene Tätigkeit
am produzierenden oder stehenden Betriebsmittel vorgenommen
werden kann, ist diese Verrichtung auch bei der fortschreitenden Betriebsmittelzeit zu berücksichtigen. Ein Grobflußdiagramm
dieses Programmabschnittes ist in <u>Bild 31</u> dargestellt.

Tritt innerhalb dieses Bedienzyklusses eine Maschinenstörung
auf, so ist entsprechend dem in der <u>Anlage A 1.2.</u> beschriebenen Algorithmus die Störung alternativ durch den Maschinenarbeiter oder durch spezielles Reparaturpersonal zu beseitigen.

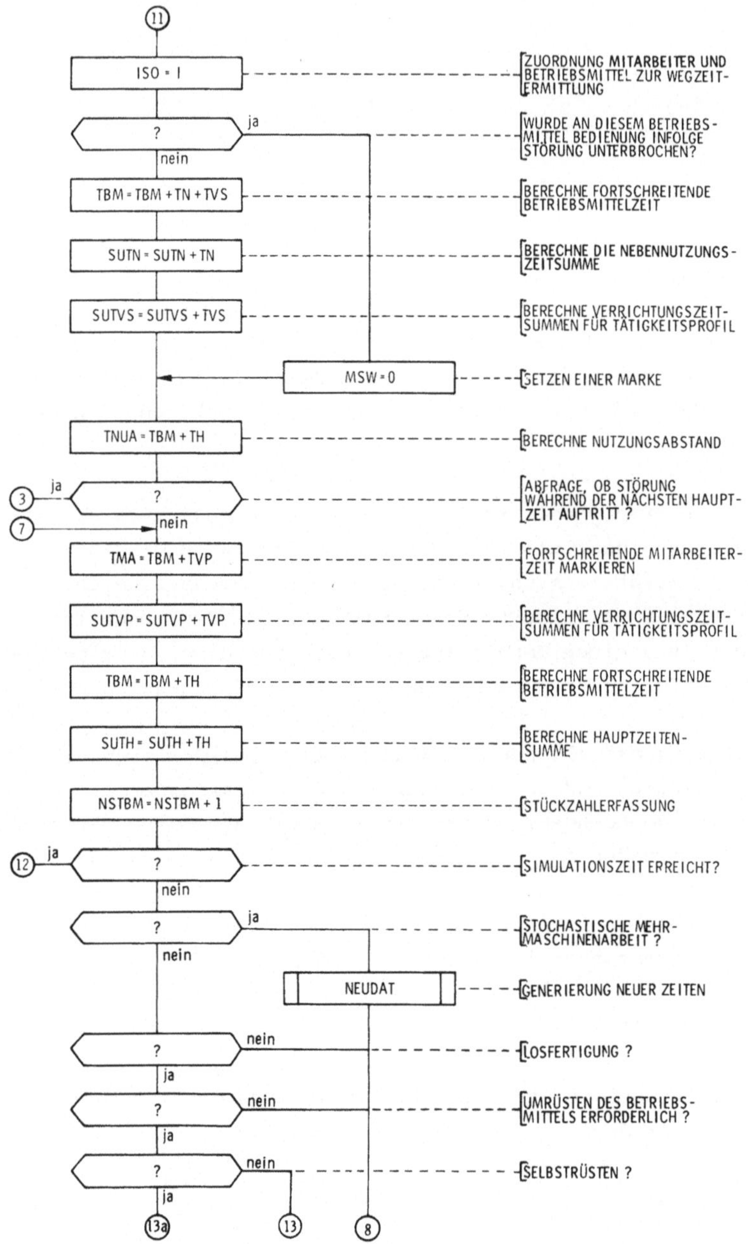

Bild 31: Ablauf des Programmschrittes "Maschinenbedienung"

5.2.7 Rüsten der Betriebsmittel

Grundgedanken flexibler Arbeitsstrukturen sind erweiterte
Arbeitsinhalte und größere Selbstverantwortung der Mitarbeiter,
wie es durch das Selbstrüsten geboten werden kann. Dies läßt
sich jedoch in der industriellen Produktion nicht immer realisieren. Die Gründe hierzu liegen teilweise in der mangelnden
Qualifikation der Maschinenarbeiter oder in der Unwirtschaft-
lichkeit des Vorhabens. Es ist deshalb sinnvoll, schon im Planungsstadium die quantifizierbaren Einflüsse des Selbstrüstens
oder des Fremdrüstens zu erfassen und sie einander gegenüberzustellen.

Das Unterprogramm RUEST tritt dann in Aktion, wenn nach einer
Maschinenbedienung durch den Maschinenarbeiter an einem Betriebsmittel die Losgröße N_R erreicht wurde. N_R kann dabei
ein aus einer Datei abgerufener Wert sein oder eine Zahl,
die über einen Zufallsgenerator aus einer Rüsthäufigkeitsver-
teilung generiert wird. Je nachdem, ob das Rüsten durch den
Maschinenarbeiter oder durch einen Einrichter geschehen soll,
werden von dem Unterprogramm RUEST alternativ die Unterprogramme
SELBST (Rüsten der Betriebsmittel durch den Maschinenarbeiter)
oder FREMD (Rüsten der Betriebsmittel durch einen Einrichter)
aufgerufen.

5.2.7.1 Rüsten der Betriebsmittel durch einen Einrichter

Das Rüsten der Betriebsmittel durch einen Einrichter wird in dem
Unterprogramm FREMD (Bild 32) simuliert. Dabei wird in diesem Programmodul zuerst überprüft, ob ein Einrichter derzeit verfügbar
ist. Ist dies der Fall, so wird nach einer Weg- und Informations-
zeit für den Einrichter ein Rüsten der Maschine durch diesen
vorgenommen. Steht momentan kein Einrichter für das Rüsten
zur Verfügung, wird geprüft, wann der nächste Einrichter frei
wird. Der als nächster frei werdende Einrichter nimmt dann
den anstehenden Umrüstvorgang an der Maschine vor. Die dabei
entstehende Brachzeit wird unter Berücksichtigung der Wegzeit

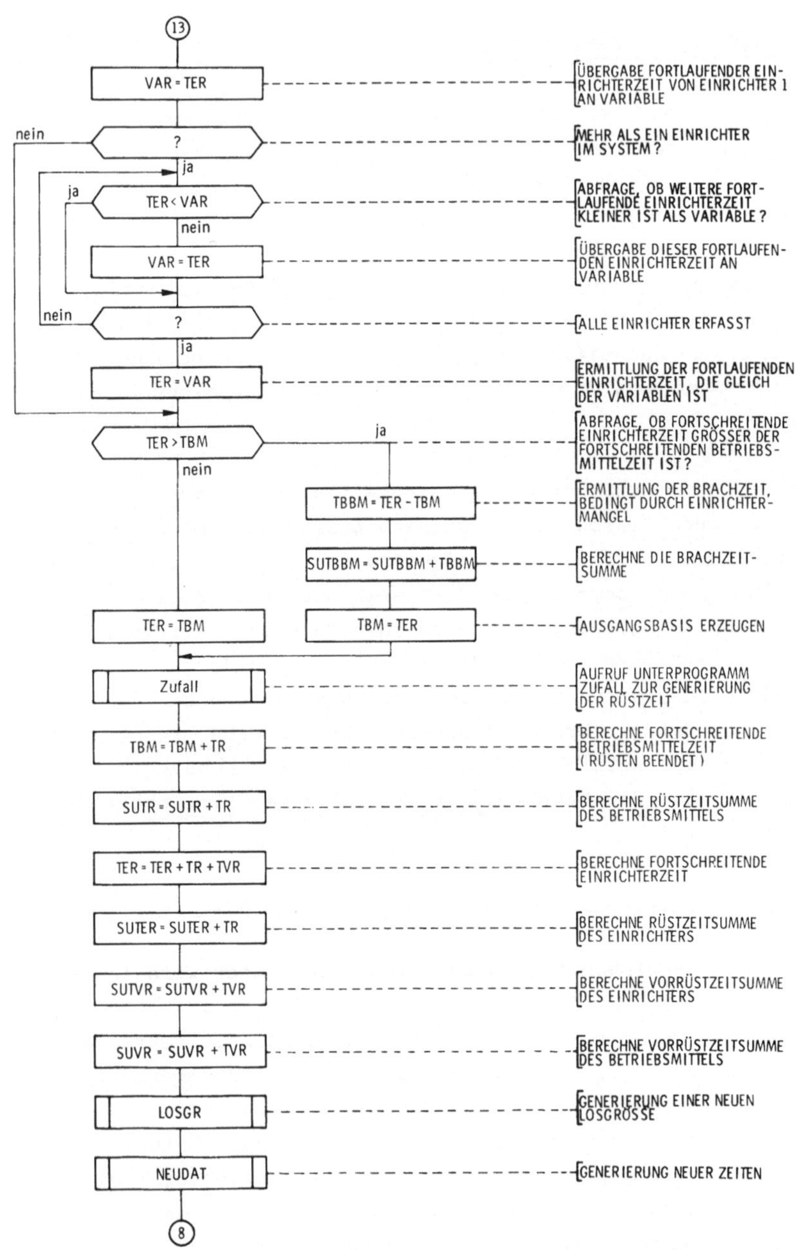

Bild 32: Rüsten des Betriebsmittels durch einen Einrichter

ermittelt und auf einem Zwischenspeicher abgelegt. Ebenso
wird die Tätigkeitszeit des Einrichters und die Rüstzeit des
Betriebsmittels auf Zwischenspeicher gespeichert. Ist ein
Einrichter auch für Bereiche zuständig, die außerhalb des be-
trachteten Mehrmaschinenbedienungssystems liegen, so ist dies
über eine fiktive Arbeitsstelle zu berücksichtigen.

5.2.7.2 <u>Rüsten der Betriebsmittel durch die Maschinenarbeiter</u>

Soll das Rüsten der Betriebsmittel durch die Maschinenarbeiter
geschehen, wird das Unterprogramm SELBST aufgerufen. Der
Algorithmus dieses Unterprogramms (<u>Bild 33</u>) ist ähnlich dem
des Unterprogramms FREMD. Es wird deshalb hierauf nicht näher
eingegangen.

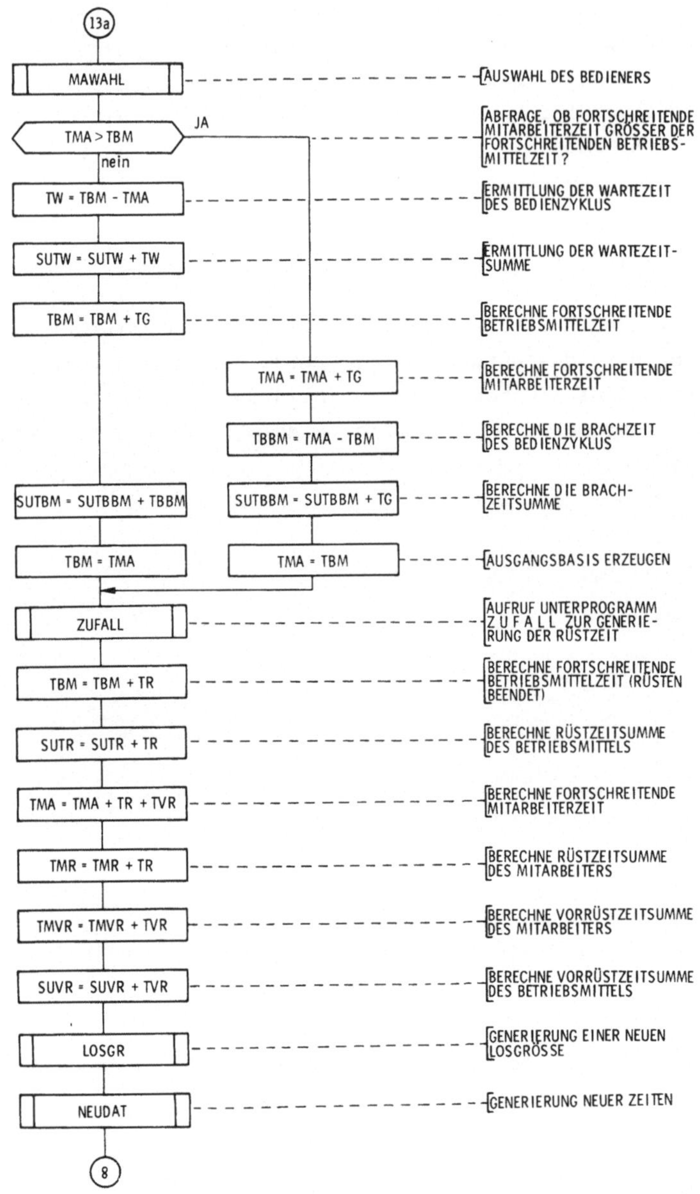

Bild 33: Rüsten der Betriebsmittel durch die Maschinenarbeiter

5.2.8 Berechnung der Kosten

Ziel dieses Planungsschrittes ist es, die Basis für einen
Wirtschaftlichkeitsvergleich alternativer Mehrmaschinenarbeitssysteme zu schaffen.

Der Kostenvergleich der Systeme soll aus den in Kapitel 4
beschriebenen Gründen mit Hilfe einer Fertigungsstückkosten-
rechnung oder Differenzenrechnung zu einem idealen Arbeitssystem (ohne Brach- und Wartezeiten) auf Basis der Maschinen-
stundensatzrechnung erfolgen.

Da je nach Art der Mehrmaschinenarbeit oder des Planungsfalls
eine oder beide Kostenrechnungsarten zur Wirtschaftlichkeits-
beurteilung der Alternativen sinnvollerweise heranzuziehen sind,
wurden beide Kostenrechnungsarten in Form von Unterprogrammen
in das Programmsystem integriert. Das Einsteuern des gewünschten
Unterprogramms geschieht im Dialog.

5.2.8.1 Berechnung der Stückkosten

Die Ermittlung der Fertigungsstückkosten geschieht über das
Unterprogramm STKOST.

Im ersten Schritt werden die Fertigungslohnkosten je Arbeitsstelle berechnet. Die Wartezeiten und Wegzeiten der Maschinenarbeiter im System sind dabei anteilmäßig je Arbeitsstelle
aufzuteilen. Eventuell auftretende Lohnkosten des Einrichters
sind der Arbeitsstelle zuzuschlagen.

$$K_L = (T_{tv} + T_w + T_{weg}) \cdot t_z \cdot L_{MB} + (T_{ER} + T_{VR}) t_z \cdot L_{ER}$$

(Gl.15).

Nach der Lohnkostenermittlung erfolgt die Berechnung der Kosten
für den Produktionsfaktor "Betriebsmittel" entsprechend (Gl.14).

$$K_{BM} = T \cdot M_{fix} + (T - t_b) \cdot M_{var}$$

Die Teilkosten K_L und K_{BM} sind dann anschließend zu addieren und durch die in der Zwischendatei abgespeicherte Stückzahl zu dividieren und als Fertigungsstückkosten in einer Zwischendatei abzuspeichern:

$$k_{St} = \frac{K_L + K_{BM}}{n} \qquad \text{(Gl. 16)}.$$

5.2.8.2 Differenzrechnung

In diesem Programmschritt, der alternativ zu der Stückkostenrechnung durchgeführt werden kann, werden entsprechend den Modellüberlegungen die einzelnen Systemalternativen einem idealen Mehrmaschinenarbeitssystem - also ohne durch Mehrmaschinenarbeit bedingte Brach- und Wartezeiten - gegenübergestellt. Diese Gegenüberstellung erfolgt im Unterprogramm DIDEAL.

Im ersten Schritt dieses Unterprogramms werden die, bedingt durch Brachzeiten, entgangenen Deckungsbeiträge ermittelt.

$$K_B = M_{fix} \cdot t_b \qquad \text{(Gl. 17)}.$$

Nach der Ermittlung des entgangenen Deckungsbeitrages durch Brachzeiten erfolgt die Berechnung des entgangenen Deckungsbeitrages durch Wartezeiten.

$$K_W = L_{MB} \cdot T_{W_{MB}} + (L_{ER} \cdot T_{W_{ER}}) \qquad \text{(Gl. 18)}.$$

Im Anschluß an diesen Rechenvorgang werden die beiden Teilkosten K_B und K_W addiert, zwischengespeichert und zu Kennzahlen in Verbindung mit den Fertigungskosten verarbeitet. Der Ablauf der Kostenrechnung insgesamt wird in __Bild 34__ vorgestellt.

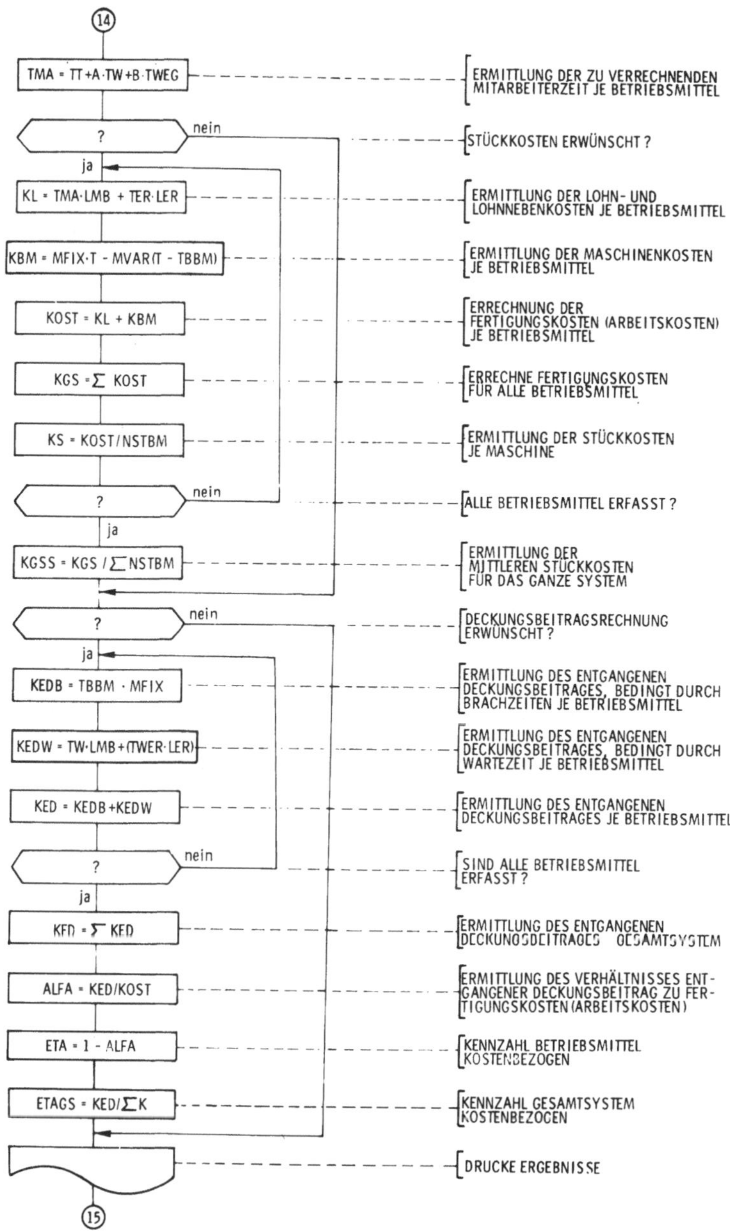

Bild 34: Ablauf der Kostenrechnung

5.2.9 Ausgabe der Ergebnisse

Die Dokumentation des rechnerunterstützten Planungsablaufes
erfolgt in zwei Stufen. Mit Hilfe des Unterprogramms EINDAT
werden in der ersten Stufe alle fixen Eingabedaten auf einem
Rechnerprotokoll dokumentiert. Dieses Unterprogramm tritt
während eines Rechnerlaufs nur einmal in Funktion. Hingegen
erfolgt die Dokumentation der Ergebnisse für die einzelnen
Alternativen unmittelbar nach deren Simulation mit Hilfe des
Unterprogramms DRUCK. Das Ergebnisprotokoll ist gegliedert
nach maschinen- und mitarbeiterbezogenen Ergebnisdaten und nach
Ergebnissen der Kostenvergleichsrechnung.

```
***************************************************************************************************
*                                                                                                *
*                        KENNZEICHEN  DES  ARBEITSSYSTEMS                                         *
*                        ANZAHL     MITARBEITER    :  2                                           *
*                        ANZAHL     BETRIEBSMITTEL :  5                                           *
*                        ANZAHL     EINRICHTER     :  1                                           *
*                        SIMULATIONSDAUER          :  9999.99  MIN                                *
*                                                                                                *
*------------------------------------------------------------------------------------------------*
*                                                                                                *
* FETR.MITTEL   SUTM    SJT    SUTVS   SJTVS1   SUTVS    SUTVP   SUTVP1   SUTVP2    SUVR    SUTP    SUTBM *
*               MIN     MIN    MIN     MIN      MIN      MIN     MIN      MIN       MIN     MIN     MIN   *
*                                                                                                *
*------------------------------------------------------------------------------------------------*
*                                                                                                *
* BM  1  7030.00 1131.04  0.0    0.0     0.0   1131.04  235.17   0.0     0.0   399.96  686.04 *
* BM  2  7172.55  914.95  0.0    0.0     0.0    914.95  248.57   0.0     0.0   399.96  756.24 *
* BM  3  7641.54  715.50  0.0    0.0     0.0    715.50  239.19   0.0     0.0   399.96  655.22 *
* BM  4  7928.45  642.50  0.0    0.0     0.0    642.50  215.07   0.0     0.0   399.96  470.15 *
* BM  5  7811.22  633.00  0.0    0.0     0.0    633.00  316.00   0.0     0.0   399.96  519.90 *
*                                                                                                *
***************************************************************************************************

***************************************************************************************************
*                                                                                                *
*                        TAETIGKEITSPROFIL  DER  MITARBEITER                                      *
*                                                                                                *
*---------------------------------------------------------------------------------------------- *
*              I            I            I             I VERRICHTUNGSZ. I VERRICHTUNGSZ.         *
*  BEDIENER    I  WARTEZEIT  I  WEGZEITEN  I  NEBENZEITEN  I BEI PRODUZ. BM. IBEI STEHENDEM BM.   *
*              I            I            I             I                I                        *
*              I MIN  I  %  I MIN  I  %  I MIN  I  %   I  MIN   I  %   I  MIN   I  %            *
*              I      I     I      I     I      I      I        I      I        I              *
*------------------------------------------------------------------------------------------------*
*              I      I     I      I     I      I      I        I      I        I              *
*  MA  1   I 3513.40I 36.12I 696.40I  6.77I 2060.89I 20.62I 2691.78I 26.93I   0.0 I   0.0 *
*  MA  2   I 3573.33I 35.80I 703.20I  7.04I 2106.60I 21.08I 2779.21I 27.30I   0.0 I   0.0 *
*              I      I     I      I     I      I      I        I      I        I              *
*------------------------------------------------------------------------------------------------*
*              I      I     I      I     I      I      I        I      I        I              *
* DURCHSCHNITTL. I 3394.35I 35.96I 699.80I 7.00I 2083.75I 20.85I 2710.50I 27.12I  0.0 I  0.0 *
*              I      I     I      I     I      I      I        I      I        I              *
***************************************************************************************************
*              I            I            I             I                I                        *
*  EINRICHTER  I  VORRUESTZEIT  I  RUESTZEIT  I  WARTEZEIT  I            I                        *
*              I            I            I             I                I                        *
*------------------------------------------------------------------------------------------------*
*              I            I            I             I                I                        *
*  ER  1       I    0.0     I  1999.00   I   7469.40   I            I                        *
*              I            I            I             I                I                        *
***************************************************************************************************
```

Bild 35: Ausschnitt aus einem Rechnerprotokoll

Einen Ausschnitt aus der Dokumentation der maschinen- und
mitarbeiterbezogenen Ergebnisse einer simulierten Alternative
zeigt Bild 35. Werden mehrere Alternativen simuliert, so
kann bei Bedarf über den Plotter noch ein Diagramm angefor-
dert werden, das die Arbeits- oder Fertigungsstückkosten
in Abhängigkeit von der Maschinenbedienerzahl darstellt
(Bild 36). Ein komplettes Daten- und Ergebnisprotokoll be-
findet sich in der Anlage A2.

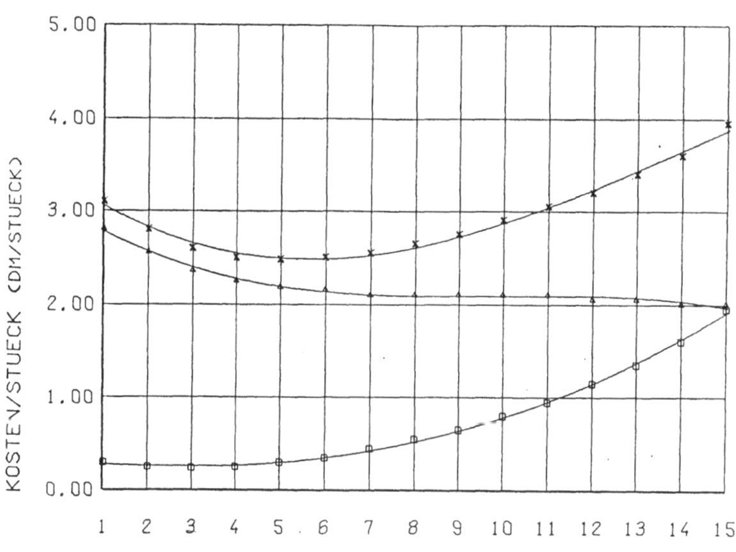

Bild 36: Stückkosten in Abhängigkeit der Maschinenarbeiterzahl

5.3 Generierung von Zufallszahlen

Da, wie in Kapitel 4 dargelegt, eine Maschinenarbeit Störungen ausgesetzt ist, war es notwendig zu untersuchen, wie diese im Modell berücksichtigt werden können. Dieselbe Problemstellung lag auch bei der Integration der Abbildung von Verrichtungen und Prozeßzeiten bei stochastischer Mehrmaschinenarbeit (Einzelfertigung) bzw. von Losgröße, Rüstzeit, Verrichtungszeit und Prozeßzeit je neuem Auftrag bei der Losfertigung im Modell vor. Eine Überprüfung geeigneter Methoden durch den Verfasser ergab, daß für das vorliegende Problemfeld der Einsatz eines Generators, der im Einheitsintervall (0,1) gleichverteilte Zufallszahlen erzeugt und diese nach der Inversionsmethode unter Berücksichtigung der Verteilung transformiert, zu der geeignetsten Problemlösung führt. Die Generierung der Zufallsdaten erfolgt mit Hilfe des Unterprogramms ZUFALL.

5.3.1 Einsatz der Zufallsdaten zur Generierung von Stördauer und Störabstand

Stördauer und Störabstand können beide, wie in Kapitel 4.6 beschrieben, als negativ exponentiell verteilt angesehen werden. Möchte man nun aus den mit Hilfe des Unterprogramms ZUFALL generierten gleichverteilten Zufallszahlen Z die Stördauer und den Störabstand ableiten, so ist der natürliche Logarithmus der Zufallszahlen Z mit der negativen mittleren Stördauer bzw. mit dem negativen mittleren Störabstand zu multiplizieren.

5.3.2 Einsatz der Zufallszahlen zur Generierung von Prozeß- und Verrichtungszeiten

Die Verteilung der Prozeßzeiten und der einzelnen Verrichtungszeiten bei stochastischer Mehrmaschinenarbeit hängt in starkem Maße von den im System zu bearbeitenden Teilen ab. Um eine möglichst breite Programmanwendung zu erzielen, soll die Generierung der Prozeß- und Verrichtungszeiten deshalb unter Zuhilfenahme

von sogenannten "freien Verteilungen" vorgenommen werden. Diese
freien Verteilungen erhält man, indem z.B. die Prozeßzeiten einer
Maschine in 10 Klassen eingeteilt und innerhalb eines ausreichend
genauen Zeitraumes die Häufigkeit der einzelnen definierten Klassen ermittelt wird.

Hat man nun die Häufigkeit der einzelnen Zeitklassen, so können
diese einem Zahlenintervall (a, b) des Einheitsintervalls (0,1)
entsprechend ihrer Häufigkeit zugeordnet werden. Am konkreten
Beispiel bedeutet dies: Wurde ermittelt, daß 8 % derProzeßzeiten
der Maschine A der Zeitklasse 1 (Prozeßzeit zwischen 5 und 6 min.)
zuzuordnen sind, so wird dieser Zeitklasse das Zahlenintervall
(a, a + 0,08) zugeordnet. Wird nun zur weiteren Simulation eine
Zufallszahl zur Generierung der Prozeßzeit benötigt und diese
Zufallszahl fällt in das Intervall (a, a + 0,08), so wird ihr
eine Prozeßzeit zwischen 5 und 6 zugewiesen. Dieselbe Vorgehensweise ist bei Verrichtungszeiten einzuschlagen.

5.3.3 Test des Zufallszahlengenerators

Die Aussagefähigkeit der Simulationsergebnisse, insbesondere bei
stochastischer Mehrmaschinenarbeit, hängt von der Genauigkeit
der Gleichverteilung des Zufallszahlengenerators ab. Es wurden
deshalb mehrere auf dem Markt vorhandene Zufallszahlengeneratoren
auf ihre Gleichverteilung mit Hilfe des Chi-Quadrat-Tests und
des Kolmogorow-Smirnow-Tests überprüft /43, 44/. Am besten
geeignet für die beschriebene Problematik erschien aufgrund der
Tests ein Generator, der die Zufallszahlen mit Hilfe der Multiplikativen Kongruenzmethode erzeugt.

Die Zufallszahlengeneratoren sind in der Regel EDV-anlagenab-
hängig, da die generierte Zufallszahl, bedingt durch unterschiedliche Wortlängen und unterschiedlichen Umwandlungsmodus
von Real- in Integer-Zahlen der einzelnen Rechenanlage, unterschiedlich sein kann. Die Tests - durchgeführt an der TR 440 -
und Testergebnisse des im Programmsystem eingesetzten Zufallszahlengenerators sind in der Anlage A 3 dokumentiert.

6.1 Ermittlung und Aufbereitung der Eingabedaten

Für die Planung von Mehrmaschinenarbeit sind je nach Art der
Mehrmaschinenarbeit - deterministische oder stochastische, also
für eine Einzelteil- oder Serienfertigung - unterschiedliche Eingangsdaten zu erfassen.

6.1.1 Deterministische Mehrmaschinenarbeit

Ist ein Mehrmaschinenarbeitssystem für eine Serienfertigung zu
planen, liegen meist deterministisch geartete Prozeß- und Verrichtungszeiten vor. Lediglich eventuell auftretende Störungen
sind stochastischer Natur.

Zur Simulation der deterministischen Mehrmaschinenarbeit mit
anschließender relativer Kostenrechnung werden folgende Daten
benötigt:

- o Prozeßzeiten
- o Verrichtungszeiten einschließlich der Zeiten für Umfeld-
     aufgaben etc. sowie der Zeitpunkt ihres Anfalls
- o Wegzeiten
- o mittlere Stördauer
- o mittlerer Störabstand
- o Wartezeit auf Störungsbeseitigung durch Reparatur-
     personal
- o Grenzwert, wann die Störungsbeseitigung durch Reparatur-
     personal durchgeführt werden soll
- o Maschinenstundensätze fix
- o Maschinenstundensätze variabel
- o bei Losgrößenfertigung Losgröße und ihre Verteilung
- o Einrichterzahl
- o Lohnkostensatz Maschinenbediener und ggf. Einrichter
- o Maschinenpriorität

Darüber hinaus muß der Arbeitsplaner die Maschinenzahl (max., min., Kombination), die Arbeitskräftezahl (max., min.) und die Arbeitsaufgaben, die im System wahrzunehmen sind, festlegen.

6.1.2 Stochastische Mehrmaschinenarbeit

Bei der Planung einer Mehrmaschinenarbeit für eine Einzel- oder Kleinstserienfertigung (stochastische Mehrmaschinenarbeit) ist es erforderlich, neben den Prozeßzeiten, Verrichtungszeiten und den Zeiten für Umfeldaufgaben auch deren Häufigkeitsverteilung zu kennen.

Die Ermittlung der Verteilung der einzelnen Zeiten geschieht mit Hilfe von Zeitaufnahmen oder durch Auswertung von Zeitaufnahmen und Vorgabezeiten. Bild 37 zeigt die Aufnahme einer Prozeßzeitenverteilung, wie es mit Hilfe eines standardisierten Aufnahmeblattes in einem Industriebetrieb an einer NC-gesteuerten Drehmaschine aufgenommen wurde.

IFF·IPA universität stuttgart	Aufnahme der Verteilung der ...Prozeß-...zeiten			Betriebsmittel:. Schütte.....			
				Bearbeiter:.SJH.Datum:8.3.78			
Lfd. Nr.	Zeitenkl. von bis (min)	Mittelw. Zeitkl. (min)	Strichliste	Anzahl Nenng.	Anteil (%)	Summe (%)	Zuordng. Zuf.zahl 0 - 1
1	0÷0,99.	0,5	₩‖	7	2,59	2,59	≤0,0259
2	1÷1,99.	1,5	₩₩₩₩₩₩₩₩₩₩₩₩ ‖	63	23,33	25,92	≤0,2592
3	2÷2,99..	2,5	₩₩₩₩₩₩₩₩₩₩₩₩₩ ₩₩₩ ₩‖	87	32,22	58,14	≤0,5814
4	3÷3,99..	3,5	₩₩₩₩₩₩₩₩₩ ₩‖‖‖	59	21,85	79,99	≤0,7999
5	4÷4,99..	4,5	₩₩₩₩₩ ‖‖‖	29	10,74	90,73	≤0,9073
6	5÷5,99.	5,5	₩₩₩‖	16	5,93	96,66	≤0,9666
7	6÷6,99.	6,5	‖‖‖	3	1,11	97,77	≤0,9777
8	7÷7,99.	7,5	‖‖‖	3	1,11	98,88	≤0,9888
9	8÷8,99.	8,5	‖	1	0,37	99,25	≤0,9925
10	9÷9,99.	9,5	‖	2	0,74	99,99	≤1
				270	100 %		

<u>Bild 37:</u> Aufnahmebogen für Zeiten bei stochastischer Mehrmaschinenarbeit

Nach der Aufnahme der Zeiten und ihrer Verteilung sind die ermittelten Daten auszuwerten und für die Weiterverarbeitung auf-
zubereiten. Dazu ist die Gesamtzahl der Nennungen und der pro-
zentuale Anteil der Nennungen je Zeitklasse zu ermitteln. Abschließend sind die einzelnen Zeitklassen entsprechend ihrem
prozentualen Anteil einem Abschnitt des Zahlenintervalls (0,1)
zuzuordnen (Bild 37).

Die Nachbildung dieser Verteilung erfolgt - wie in Kapitel 5.11
schon beschrieben - aus Flexibilitätsgründen mit Hilfe eines
Zufallszahlengenerators, der gleichverteilte Zufallszahlen generiert. Mit diesem Vorgehen können beliebige Verteilungen abgebildet werden.

Besteht das Mehrmaschinenarbeitssystem aus gleichartigen Betriebsmitteln mit einem gemeinsamen Arbeitsvorrat, so genügt
die Ermittlung einer Verteilung je Zeitart für das gesamte
System. Ansonsten ist für jede Maschine und den dazugehörigen
Arbeitsvorrat eine solche Zeitartenverteilung zu ermitteln.

6.2 Rechenaufwand und Programmdimensionierung

Das Programm SIMEMA wurde rechnerunabhängig entwickelt und auf
einer AEG Telefunken Rechenanlage TR 440 implementiert. Das vorliegende Programm ist auf eine Problemgröße von 20 zu bedienende
Betriebsmittel oder Arbeitsstellen zugeschnitten. Dadurch kann
der Bedarf an Speicherplatz und Rechenzeit gering gehalten und
damit eine höhere Rechenpriorität erzielt werden.

Ohne großen Aufwand läßt sich programmtechnisch eine Erweiterung
des Programmes auf eine beliebig große Zahl zu bedienender Betriebsmittel oder Arbeitsstellen vornehmen. Eine Begrenzung der
Betriebsmittel kann lediglich durch die verfügbare Speicherkapa-
zität der eingesetzten Rechenanlage hervorgerufen werden. Für
eine Systemgröße von 20 Betriebsmitteln benötigt das Programmsystem ca. 34.000 Worte Speicherplatz.

Die Rechenzeit hängt von einer Vielzahl von Faktoren ab.
Wichtigste Parameter sind

- Anzahl der Betriebsmittel
- Anzahl von Bedienungs-, Prüf- und Einrichtezyklen
  sowie Anzahl aller zusätzlichen Verrichtungen
- Anzahl der zu untersuchenden Systemvarianten.

Die Anzahl der Bedienungs-, Prüf- und Einrichtezyklen sowie der
zusätzlichen Verrichtungen ergibt sich aus der vorgewählten
Simulationsdauer, der Mitarbeiterzahl im System und der absolu-
ten Größe der einzelnen Zeitelemente.

Am stärksten wird die Rechenzeit beeinflußt durch die Betriebsmittelzahl, Mitarbeiterzahl und die Bedienzyklenanzahl. Diese
wiederum hängt stark von der Simulationsdauer ab. Bild 38 zeigt
die Interdependenz dieser Einflußgrößen.

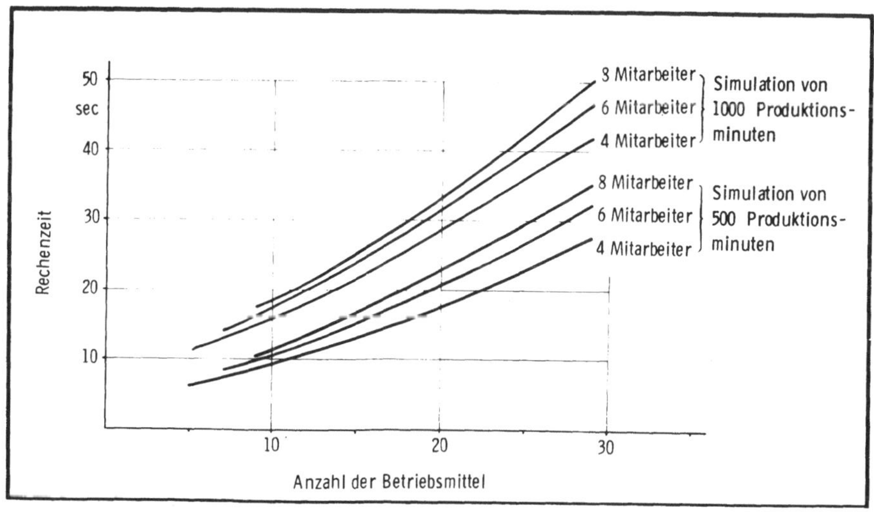

Bild 38: Rechenzeitbedarf des Programmsystems SIMEMA auf
der TR 440

Von den bisher mit Hilfe des Programmsystems SIMEMA bearbeiteten Planungsfällen werden im folgenden beispielhaft zwei beschrieben. Bei dem unter Kapitel 7.1 beschriebenen Planungsfall handelt es sich um eine deterministische Mehrmaschinenarbeit und bei dem unter Kapitel 7.2 vorgestellten Beispiel um eine stochastische Mehrmaschinenarbeit.

7.1   Planung einer deterministischen Mehrmaschinenarbeit

7.1.1 Planungsaufgabe

Eine Lagerschildfertigung ist aufgrund einer Produktionsprogrammänderung und sinkender Nachfrage neu zu planen. In dem Fertigungsbereich befinden sich vier Revolverdrehmaschinen (Monfortsautomaten) und eine Vertikaldrehmaschine. Die Maschinen werden in Mehrmaschinenarbeit bedient. Bedingt durch die Produktionsprogrammänderung, die auch eine Änderung des Prozeß-zeit-Nebenzeit-Verhältnisses mit sich brachte, soll die Mehrmaschinenarbeit in Bezug auf die Systemgröße neu festgelegt werden. Gleichzeitig ist zu untersuchen, wie sich eine Übernahme der Teileprüfung und Einrichtetätigkeit durch die Maschinenarbeiter auf die Wirtschaftlichkeit der Fertigung auswirkt.

Zu überprüfen sind im einzelnen,
1. wieviel Maschinenarbeiter in der Lagerschildfertigung fertigungskostenoptimal einzusetzen sind, wenn
    a) Maschinenarbeiten
    b) Maschinenarbeiten und Teileprüfung
    c) Maschinenarbeiten, die Teileprüfung, das
        Rüsten und das Nachstellen der Maschinen auf
        andere Typen
    auszuführen sind.
  2. wie sich eine Prioritätsbedienung der vier Revolverdrehmaschinen gegenüber der Vertikaldrehmaschine auf die mengen-

mäßige Ausbringung und die Kosten auswirkt. Der Rückgang
der Nachfrage nach Lagerschildtypen, die an der Vertikaldrehmaschine vorbearbeitet werden, war überproportional.
Aufgrund der Gesamtauslastung der Lagerschildfertigung
sollen im Arbeitssystem nur zwei Maschinenarbeiter eingesetzt werden. Die Maschinenarbeiter sollen neben der Maschinenbedienung im Sinne einer Arbeitserweiterung auch
die Teileprüfung und das Umrüsten sowie Nachstellen der Maschinen durchführen.

7.1.2 Analyse des Maschinenparks und der Aufträge

Durch die klare Vorgabe der Planungsaufgabe beschränkt sich
die Analyse auf die vier Revolverdrehmaschinen und die Vertikaldrehmaschine und deren Produktionsprogramme. Die im Rahmen
dieses Planungsschrittes zu erhebenden Daten konnten, bis
auf die Störzeiten und Störabstände, aus Zeitaufnahmen oder
auf Zeitaufnahmen basierenden Arbeitsplänen entnommen werden.
Zur Erfassung der Störzeiten und des Störabstandes mußten
Störungsprotokolle der betreffenden Maschinen ausgewertet werden. Aus diesen Störzeiten und den Störabständen wurde der
für das Programmsystem benötigte mittlere Störabstand und die
mittlere Störzeit errechnet. Die für den Rechnerlauf verwendeten Daten sind in der Anlage 2.1 dokumentiert.

7.1.3 Konzeption alternativer Systeme

Ausgehend von der Aufgabenstellung wurden gemeinsam mit dem
Betrieb 13 Systemalternativen herausgearbeitet (Bild 39). Die
Produktion dieser Alternativen wurde mit Hilfe des Programmsystems SIMEMA simuliert und ihre Brachzeiten, Wartezeiten
und Kosten ermittelt.

SYSTEM - ALTERNATIVE	KENNZEICHEN DER SYSTEMALTERNATIVEN			
	Kooperationsform :	Tätigkeitsbeschreibung Maschinenarbeiter :	Maschinenarbeiter- zahl :	Bedienstrategie :
I, II, III, IV	(Einzelarbeit) Gruppenarbeit	Maschinenbedienung	(1), 2, 3, 4	first come - first served
V, VI, VII, VIII	(Einzelarbeit) Gruppenarbeit	Maschinenbedienung und Teileprüfung	(1), 2, 3, 4	first come - first served
IX, X, XI, XII	(Einzelarbeit) Gruppenarbeit	Maschinenbedienung, Teileprüfung, Rüsten und Nachstellen der Maschinen	(1), 2, 3, 4	first come - first served
XIII	Gruppenarbeit	Maschinenbedienung, Teileprüfung, Rüsten und Nachstellen der Maschinen	2	Bedienung der Monforts-Maschinen mit Priorität

<u>Bild 39</u>: Systemalternativen

7.1.4 <u>Ermittlung der Systemgrößen</u>

Für den vorliegenden Planungsfall waren die gefertigten Stückzahlen neben den Brachzeiten, Wartezeiten, Tätigkeitszeiten
und Fertigungsstückkosten als Entscheidungsgrundlage - welche
Arbeitssystemalternative zu realisieren war - von Bedeutung.
Die Stückzahl als Planungskriterium resultierte aus dem ge-
ringen Auftragsvolumen und der damit verbundenen Auslastung
der Lagerschildfertigung.

Die mit Hilfe der Simulation ermittelten Systemgrößen "Ist-
stückzahl, Brachzeiten, Tätigkeitszeiten und Kosten" sind in
<u>Bild 40</u> zusammengefaßt. Bei den ermittelten Kosten wurde davon
ausgegangen, daß der Einrichter auch in anderen Arbeitssystemen
tätig ist. Der Einrichter wurde somit nur auf Basis seiner
reinen Tätigkeitszeit im System verrechnet. Kostengünstigstes
Arbeitssystem ist, wie auch in <u>Bild 40</u> vermerkt, die Alternative VI. Die durchschnittlichen Fertigungsstückkosten dieser

Alternative betragen DM 8,30. Berücksichtigt sind in den
Fertigungsstückkosten die Maschinenkosten, Lohn und Lohnnebenkosten für die Maschinenbedienung, die Teileprüfung und
das Rüsten und Nachstellen der Maschine. Ein Ausdruck der Ergebnisdaten der fertigungskostenoptimalen Systemalternative
zeigt die <u>Anlage A 2.1.</u>

SYSTEM - ALTERNATIVE	Brachzeit					Ausbringung (Stück/h)					Tätigkeitszeit		Durch-schnittliche Fertigungs-stückkosten
	M 1 (%)	M 2 (%)	M 3 (%)	M4 (%)	V 2 (%)	M 1	M 2	M 3	M 4	V 2	Masch.- Ein-bediener (%)	Ein-richter (%)	
I	11,9	15,7	12,7	12,5	13,2	8,1	8,2	8,0	7,1	7,0	51,8	19	8,44
II	4,6	4,1	4,6	4,4	3,6	8,6	9,2	8,9	7,6	7,7	28,4	22	8,55
III	4,9	2,9	3,5	3,1	2,7	8,7	9,2	8,8	7,8	7,9	18,8	22	9,06
IV	3,6	2,1	2,2	3,9	3,2	8,8	9,4	8,9	7,8	7,7	13,5	22	9,58
V	29,6	34,5	33,2	22,6	3,2	6,4	6,4	6,1	6,2	6,1	83,2	16	9,31
VI	7,2	7,6	6,8	5,0	5,4	8,4	8,9	8,6	7,7	7,6	57	22	8,30
VII	4,3	3,3	3,5	3,5	4,5	8,7	9,3	8,9	7,6	7,7	37,3	22	8,74
VIII	2,6	2,0	3,4	3,2	2,3	9,0	9,3	8,9	7,7	7,8	27,6	23	9,24
IX	40,4	42,7	39,8	32,6	33,6	5,4	5,4	5,4	5,4	5,3	87,7		10,25
X	9,5	13,8	11,0	8,2	8,5	8,1	8,2	8,1	7,3	7,2	64,2		8,44
XI	5,5	4,2	3,8	3,1	3,1	8,7	9,1	8,7	7,7	7,7	45,8		8,69
XII	2,1	2,1	2,5	2,6	2,6	8,9	9,2	8,9	7,7	7,7	34,2		9,17
XIII	6,7	7,8	7,9	6,7	12,4	8,5	8,6	8,2	7,4	6,9	65,0		8,31

Legende:
M 1, M 2, M 3, M 4 : Monfortsdrehmaschine
V : Vertikaldrehmaschine

Maschinenbedienerlohnkostensatz 0,4 DM/min
Einrichterlohnkostensatz 0,5 DM/min
Prüferlohnkostensatz 0,45 DM/min
Maschinenminutensatz fix 0,6 DM/min
Maschinenminutensatz variabel 0,4 DM/min

<u>Bild 40:</u> Ergebnisse der Simulation

<u>Bild 41</u> zeigt den Verlauf der Fertigungsstückkosten in Ab-
hängigkeit von der Maschinenarbeiterzahl und der Arbeitsaufgabe. Es wurde im Anschluß an den Rechnerlauf mit Hilfe eines
Plotterunterprogramms gezeichnet. Liegt das Fertigungskosten-
optimum zwischen ganzzahligen Maschinenarbeiterzahlen, so
können hieraus Anhaltswerte über mögliche systemunabhängige
Füllarbeiten oder andere Systemkombinationen gewonnen werden.
Aufgerufen und gesteuert wird das Plotterunterprogramm durch
das Programmsystem SIMEMA.

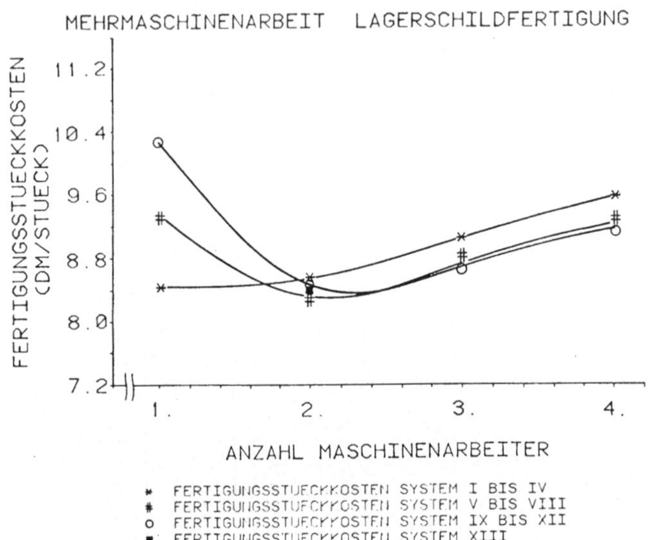

__Bild 41:__ Verlauf der Fertigungsstückkosten

7.1.5 Auswahl des optimalen Systems

Bei der Auswahl des zu realisierenden Systems müssen neben
den Kosten auch betriebliche Randbedingungen sowie Tendenzen
des Arbeits- und Absatzmarktes berücksichtigt werden. Da die
Auslastung des gesamten Systems und insbesondere an der Vertikaldrehmaschine gering war, wurde gemeinsam mit dem Betrieb
die Alternative XIII zur Realisierung vorgeschlagen. Die
durchschnittlichen Fertigungsstückkosten liegen nur geringfü-
gig über denen des fertigungskostenoptimalen Systems. Demgegen-
über bietet die Alternative XIII die Möglichkeit der Arbeitserweiterung und Arbeitsbereicherung. Die Maschinenarbeiter
übernehmen in dieser Alternative die Teileprüfung und Einrich-
tertätigkeiten. Außerdem ist durch die kürzeren Qualitätsrück-
meldezeiten zu erwarten, daß die Qualität der Lagerschilder verbessert wird sowie Nacharbeit und Ausschuß rückläufig sind.

7.2 Planung einer stochastischen Mehrmaschinenarbeit

7.2.1 Planungsaufgabe

In einer Dreherei, in der in Fertigungsfamilien Rotationsteile
für Hochspannungsschaltanlagen hergestellt werden, wurden
stufenweise 5 neue NC-Drehmaschinen angeschafft. Diese 5 Maschinen (2 Index- und 3 Schüttedrehautomaten) sollen künftig
räumlich zusammengefaßt und in Mehrmaschinenarbeit bedient
werden. Dazu ist die kostengünstigste Mehrmaschinenarbeits-
systemkonfiguration zu ermitteln.

Jedes Teil einer Fertigungsfamilie weist unterschiedliche Ver-
richtungs- und Prozeßzeiten auf. Nach der Fertigbearbeitung
einer Fertigungsfamilie muß die Maschine umgerüstet werden.

In die Untersuchungen sollen Arbeitssystemalternativen einbezogen werden, denen folgende Arbeitsorganisationsformen
zugrundegelegt sind:

- o   Einzelarbeit - Gruppenarbeit
- o   Fremdrüsten durch Einrichter - Selbstrüsten.

Ergebnis der Untersuchung soll die Auswahl des fertigungskostenoptimalen Systems sein.

7.2.2 Analyse des Maschinenparks und der Aufträge

Auch in diesem Planungsfall war die Planungsaufgabe klar um-
rissen, so daß der Schwerpunkt dieses Planungsschrittes in der
Aufnahme und Aufbereitung der zur Simulation benötigten Daten
lag.

An Unterlagen für die Simulation der Systemalternativen stan-
den das Produktionsprogramm, die Prozeßzeiten, die Neben- bzw.

Verrichtungszeiten, die Rüstzeiten, die Störzeiten und die
Störabstände des letzten Fertigungsquartals, das als reprä-
sentativ angesehen wurde, zur Verfügung /45/.

In einem ersten Schritt mußten nun diese Daten in eine dem
Programmsystem zugrundegelegte, datenverarbeitungsfähige Form
gebracht werden. Dazu wurden die Prozeßzeiten, Neben- bzw.
Verrichtungszeiten und Rüstzeiten analog dem Kapitel 6 in jeweils 10 Zeitklassen gegliedert und die Häufigkeit des Vor-
kommens der einzelnen Zeitklassen ermittelt.

Aus den Störzeiten und Störabständen wurde die mittlere Störzeit und der mittlere Störabstand ermittelt. Der Wegezeitener-
mittlung liegen die Entfernungen zwischen den einzelnen Maschinen eines fiktiven Layouts und ein Gehen ohne Last zugrunde. Abschließend mußten nun diese Daten formatiert im Dia-
logbetrieb auf die entsprechenden Dateien des Rechners geschrieben werden.

7.2.3 Konzeption alternativer Systeme

Aufbauend auf der gestellten Planungsaufgabe, der Analyse
des Maschinenparks und der Aufträge wurden gemeinsam mit der
Firma mehrere Arbeitssystemalternativen aufgestellt, die sich
hinsichtlich der Kooperationsform, Arbeitsaufgabe und
Systemgröße unterschieden.

Die einzelnen Alternativen sowie ihre Merkmale sind in
Bild 42 dargestellt.

SYSTEM-ALTERNATIVE	KENNZEICHEN DER SYSTEMALTERNATIVE			
	Kooperationsform	Maschinenarbeiter-anzahl	Rüsten der Betriebsmittel durch	Einrichteranzahl
A , B	Einzelarbeit an den 2 Indexautomaten und an den 3 Schüttautom.	1(Index) + 1(Schütte)	Einrichter	1, 2
C	Einzelarbeit an den 2 Indexautomaten und an den 3 Schüttautom.	1(Index) + 1(Schütte)	Maschinenarbeiter	——
D , E	Einzelarbeit an den 2 Indexautomaten und Gruppenarbeit an den 3 Schüttautom.	1(Index) + 2(Schütte)	Einrichter	1, 2
F	Einzelarbeit an den 2 Indexautomaten und Gruppenarbeit an den 3 Schüttautom.	1(Index) + 2(Schütte)	Maschinenarbeiter	——
G , H , I , J	Einzel- bzw. Gruppenarbeit (alle 5 BM in einem System)	1, 2, 3, 4	Einrichter	1
K , L , M , N	Einzel- bzw. Gruppenarbeit (alle 5 BM in einem System)	1, 2, 3, 4	Einrichter	2
O , P , Q , R	Einzel- bzw. Gruppenarbeit (alle 5 BM in einem System)	1, 2, 3, 4	Maschinenarbeiter	——

__Bild 42:__ Beschreibung der zu untersuchenden Alternativen

7.2.4 Ermittlung der Systemgrößen

Die kennzeichnenden Systemgrößen Brachzeiten, Wartezeiten, einschließlich der Mehrkosten gegenüber einem idealisierten Mehrmaschinenarbeitssystem, welche als Ergebnisse im Rechnerprotokoll ausgedruckt werden, sind in __Bild 43__ zusammengefaßt.

System-alternative	Brachzeit durch Mehrmaschinenarbeit bedingt					Tätigkeitszeit		Durchschn. Fertigungs-stückkosten
	Schüttautomaten			Indexautomaten		Maschinen-bediener	Einrichter	
	(%)	(%)	(%)	(%)	(%)	⌀(%)	⌀(%)	(DM/Stck)
A	64	65	67	49	48	36	96	11,34
B	26	25	25	19	19	53	77	7,35
C	60	60	64	52	52	87	-	8,24
D	58	59	59	46	40	38	97	12,96
E	30	27	27	16	19	33	72	8,20
F	36	34	33	37	34	76	-	6,52
G	67	67	65	53	54	55	102	10,79
H	59	60	62	47	50	38	103	11,29
I	58	62	56	56	46	20	103	12,21
J	58	64	54	52	53	15	104	13,47
K	36	34	36	27	32	91	77	7,51
L	29	28	28	22	20	58	92	6,83
M	27	24	26	18	19	37	92	7,42
N	22	19	19	15	12	27	93	7,81
O	71	74	71	72	76	99	-	14,11
P	47	47	47	53	50	95	-	7,97
Q	29	28	26	33	31	80	-	6,08
R	15	15	14	14	16	78	-	5,58

<u>Bild 43:</u> Simulationsergebnisse der untersuchten Alternativen

Die durchschnittlichen Fertigungsstückkosten in Abhängigkeit von der Maschinenarbeiteranzahl und der Arbeitsaufgabe zeigt <u>Bild 44</u>.

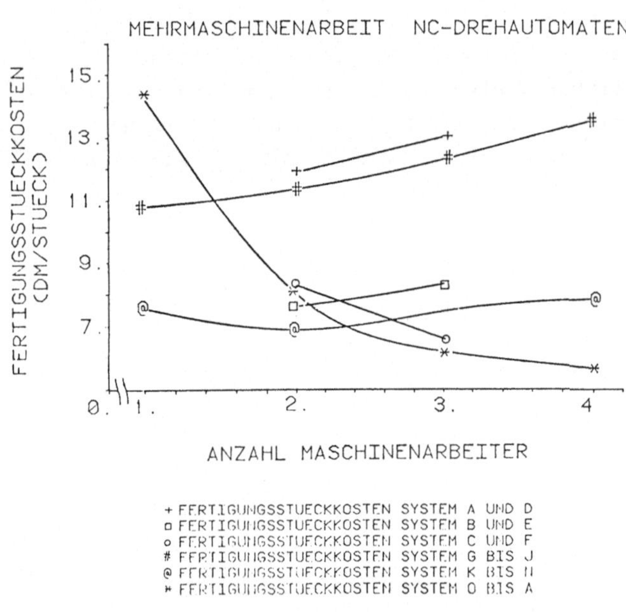

<u>Bild 44:</u> Verlauf der Fertigungsstückkosten

7.2.5 Auswahl des optimalen Systems

Entsprechend der Zielsetzung dieses Planungsfalles soll das
fertigungskostenoptimale System aus den entwickelten Alternativen herausgefunden werden. Dies läßt sich relativ leicht
mit Hilfe der ermittelten durchschnittlichen Fertigungskosten
oder dem Plötterschaubild vornehmen. Demnach ist das fertigungskostenoptimale System die Alternative R. Systemkenn-
zeichen dieser Alternative ist, daß die fünf Maschinen durch
vier Maschinenarbeiter bedient werden, die gleichzeitig
Rüstaufgaben wahrnehmen.

8   WIRTSCHAFTLICHKEITSBETRACHTUNGEN DER RECHNERGESTÜTZTEN
    PLANUNG MIT HILFE DES PROGRAMMSYSTEMS SIMEMA

Die rechnerunterstützte Planung von Mehrmaschinenarbeit mit
Hilfe des in Kapitel 5 beschriebenen Programmsystems läßt sich
nur rechtfertigen, wenn sich anhand einer Wirtschaftlichkeits-
betrachtung ein Nutzen nachweisen läßt. Ein eindeutiger Nach-
weis ist allerdings schwierig, da neben quantifizierbaren
Kriterien auch nicht quantifizierbare Kriterien (z.B. bessere
Planungsqualität) in einem Vergleich zu berücksichtigen
sind.

Im folgenden soll nun die Wirtschaftlichkeit des Programmsystems
SIMEMA untersucht werden. Die Grundlage für diesen Vergleich bilden die Planungszeiten mit den daraus resultierenden Planungskosten, die Systemeinführungs- und -pflegekosten sowie die anteiligen Rechnerkosten. Zur Quantifizierung am konkreten Fall
wird auf die in Kapitel 7 beschriebenen Beispiele zurückgegriffen.

8.1 Planungszeiten und -kosten

Für den Planungszeitenvergleich wurden die in Kapitel 7 beschriebenen Beispiele 1 und 2 nach einer konventionellen Planungsmethode - nämlich dem graphischen Verfahren - dem Programmsystem
SIMEMA gegenübergestellt. Der dabei benötigte Aufwand, unter-
gliedert in einzelne Planungsschritte, wird im nachfolgenden
Bild 45 dargestellt.

Zur Absicherung der Ergebnisse wurden mehrere Arbeitsplaner be-
fragt, die mit konventionellen Verfahren planen und die die im
Rahmen des Vergleichs ermittelten Planungszeiten bestätigten.

Nr	PLANUNGSSCHRITT	Planungsfall 1 (Deterministische Mehrmaschinenarbeit)		Planungsfall 2 (Stochastische Mehrmaschinenarbeit)	
		konventionelle Planung	Planung mit SIMEMA	konventionelle Planung	Planung mit SIMEMA
1	Datenbeschaffung und Aufbereitung	8 h	8 h	40 h	40 h
2	Eventuelle Programmanpassung	–	2 h	–	4 h
3	Abspeichern der Daten in Dateien und Terminalarbeiten	–	8 h	–	16 h
4	Ermittlung der Brachzeiten/Nutzungszeiten, der Wartezeiten, des Tätigkeitsprofils, der Kosten und der Stückzahl	28 h	0 h	36 h	0 h
5	Anschließende Auswertung, Vorgabezeitermittlung und Dokumentation	12 h	4 h	16 h	4 h
	Planungszeit	48 h	22 h	92 h	64 h
	Planungskosten bei 48 DM/h	2304.- DM	1056.- DM	4416.- DM	3072.- DM

Bild 45: Vergleich von Planungszeiten und Planungskosten

8.2 Systemeinführungs- und Systempflegekosten

Die Systemeinführungskosten für ein Unternehmen ergeben sich
aus dem Einkaufspreis (anteilige Entwicklungskosten), den Schulungskosten der damit eingesetzten Arbeitsplaner und den Implementierungskosten des Programmsystems auf dem dafür vorgesehenen
Rechner. Da dieser Kostenblock sehr stark von der Programmverbreitung abhängt, ist eine Kostenabschätzung schwierig.
Die Systemeinführungskosten jedoch dürften unter Vorbehalt in
der Größenordnung von 20.000 DM liegen.

Unter den Systempflegekosten sind hier diejenigen Kosten zu
verstehen, die notwendig sind, um das Programmsystem den jeweiligen EDV-technischen Forderungen anzupassen. Sie dürften in
den ersten Jahren nach Einführung des rechnergestützten Verfahrens sehr gering sein.

Die Systemeinführungs- und Systempflegekosten je Planungsfall
hängen von der Systemnutzungsdauer und der Anzahl betrieblicher

Anwendungsfälle ab. Die Systemnutzungsdauer solcher Systeme wird von Experten auf 5 bis 7 Jahre geschätzt.

Legt man dem Programmsystem eine Abschreibung von 5 Jahren, ca. m_A = 50 Anwendungsfälle pro Jahr und ca. 10 % der Systemeinführungskosten an Systempflegekosten/Jahr k_{sp} zugrunde, so ergeben sich an Systemeinführungs- und Systempflegekosten pro Anwendungsfall (Systemeinführungskosten 20.000,- DM; Zinssatz z = 10 %; Systemnutzungsdauer n_A = 5 Jahre):

$$K_s = \left(\frac{K_{se}}{n_A} + K_{se} \cdot \frac{z}{2 \cdot 100\%} + k_{sp} \right) \cdot \frac{1}{m_A} \qquad \text{(Gl. 19)}$$

$$= 140 \text{ DM}$$

8.3 Anteilige Rechnerkosten

Mit der Einführung des rechnergestützten Verfahrens fallen Rechnerkosten, Druckerkosten, Bildschirmkosten und Speicherplatzkosten an. Diese Kosten werden in den Unternehmen meist anteilig umgelegt. Basis hierfür bildet hauptsächlich die Rechnerzeit und das Verhältnis Rechen- zu Eingabe-Ausgabe-Zeit.

Die in Kapitel 7 beschriebenen und bei der Ermittlung der Planungskosten zugrunde gelegten Beispiele benötigten eine Rechnerzeit von 13,5 min (Planungsfall 1) beziehungsweise 16 min (Planungsfall 2).

Legt man einen Minutensatz von DM 24,-- für eine Minute Kernrechenzeit zugrunde, ergeben sich Rechnerkosten von 312,-- DM für den Planungsfall 1 beziehungsweise 352,-- DM für den Planungsfall 2.

8.4 Zusammenfassung und Gegenüberstellung der Kosten

Bei einem Wirtschaftlichkeitsvergleich zwischen konventioneller
Planung und einer rechnergestützten Planung mit Hilfe des Programmsystems SIMEMA sind die Einsparungen an Planungskosten
durch geringere Planungszeiten bei der rechnergestützten Planung den anteiligen Systemeinführungskosten, den anteiligen
Systempflegekosten und den Rechnerkosten gegenüberzustellen.

Ausgehend von den in 8.1 bis 8.3 ermittelten Kosten unter Berücksichtigung der in 8.2 beschriebenen Randbedingungen ergeben sich für die Planungsfälle 1 und 2 folgende Bilanzen:

Planungsfall 1

$$K_{es} = K_{pl,K} - K_{pl,s} - K_s - K_r$$

$$= 2304 - 960 - 140 - 312 = 892,-- \text{ DM}$$

Demnach wäre die Kosteneinsparung 892,-- DM bei der Planung mit
dem Programmsystem SIMEMA.

Planungsfall 2

$$K_{es} = 4416 - 2776 - 140 - 352 = 1148,-- \text{ DM}$$

In diesem Fall würde die Kosteneinsparung 1148,-- DM betragen.

Den Verlauf der Planungskosten für den Planungsschritt "Bestimmung der optimalen Maschinen- und der dazugehörigen Maschinenarbeiterzahl unter Berücksichtigung von Umfeldaufgaben" zeigt
Bild 46.

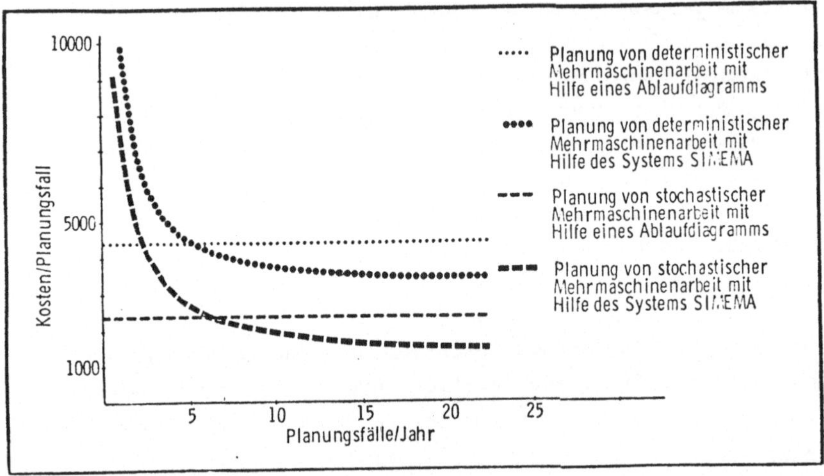

Bild 46: Planungskosten in Abhängigkeit der Planungsfälle

In dem Bild werden die Planungskosten in Abhängigkeit der Planungsfälle pro Jahr und des Planungshilfsmittels aufgezeigt. Demnach ist der Einsatz des Programmsystems SIMEMA für ähnlich gelagerte Planungsfälle bei deterministischer Mehrmaschinenarbeit ab 7, bei stochastischer Mehrmaschinenarbeit ab 6 Planungsfällen wirtschaftlich.

8.5 Nicht quantifizierbare Vorteile des Programmsystems SIMEMA

Zur Entscheidung über den Einsatz des Programmsystems SIMEMA sind neben wirtschaftlichen Überlegungen auch nicht oder schwer quantifizierbare Kriterien zu berücksichtigen. Die wichtigsten nicht oder schwer quantifizierbaren Beurteilungskriterien sind:

o Planungsqualität und Zuverlässigkeit
o Reproduzierbarkeit der Ergebnisse
o Zugriffsgeschwindigkeit auf Ergebnisse.

Die Planungsqualität und Zuverlässigkeit ist ein gewichtiger
Vorteil der rechnerunterstützten Planung mit "SIMEMA". Mit
der wirklichkeitsgetreuen Berücksichtigung von Störungen und
Umfeldaufgaben im Programmsystem sowie der Möglichkeit, ohne
größere Aufwendungen lange Produktionszeiten zu simulieren,
ist mit einer Erhöhung der Planungsqualität zu rechnen. Dies
läßt sich auch mit Hilfe des in Kapitel 7.2 beschriebenen Planungsfalls verdeutlichen. In diesem Planungsfall liegen die
Abweichungen der Plandaten - mit Hilfe des Programmsystems
"SIMEMA" ermittelt - und der Istdaten des realisierten Systems
kleiner 4 %. Die Abweichung Plandaten - mit Hilfe eines Ab-
laufdiagrammes ermittelt - und Istdaten betrug hingegen ca. 7 %.
Darüber hinaus können bei der Planung mit SIMEMA Rechenfehler,
Übertragungsfehler oder Fehler durch falsche Auswertung weitgehend ausgeschaltet werden.

Die Objektivierung des Planungsprozesses und Reproduzierbarkeit
der Planungsergebnisse sind weitere entscheidende Vorteile der
Planung mit SIMEMA. Durch den dem Programmsystem SIMEMA zugrunde gelegten gleichen Algorithmus und der Dokumentation aller
Eingangsdaten im Ergebnisausdruck ist eine eindeutige Objektivierung und Reproduzierbarkeit zu erwarten. Die bei der konventionellen Planung zugrunde gelegten Planungsschritte und Ent-
scheidungskriterien hingegen sind in der Regel nicht genau festgelegt und basieren auf dem Fachwissen des einzelnen "Planers".
Dadurch wird ein Nachvollziehen der Planung schwierig und das
Planungsergebnis subjektiv.

Ein weiterer Vorteil ist die Zugriffsgeschwindigkeit auf Ergebnisse. Sind einmal die Daten gespeichert, können innerhalb kur-
zer Zeit neue Arbeitssystemalternativen durchsimuliert werden.
Dies ist insbesondere dann von Bedeutung, wenn beispielsweise
innerhalb eines Arbeitssystems eine Maschine ausfällt und dadurch eine Neuauslegung des Arbeitssystems sinnvoll wird.

In der Teilefertigung setzte sich in den letzten Jahren eine
zunehmende Mechanisierung und Automatisierung durch. Eine Folge
hiervon war, daß der Anteil unbeeinflußbarer Zeiten stieg und
in der Fertigung vermehrt Mehrmaschinenarbeit eingeführt wurde.
Schwerpunkte der Mehrmaschinenarbeit bildeten Fertigungsstät-
ten, die nach dem Verrichtungsprinzip organisiert waren und in
denen die Maschinenarbeiter fast ausschließlich Tätigkeiten
durchführten wie Magazine füllen oder Teile einspannen.

Die Auslegung von Mehrmaschinenarbeitssystemen, d.h. welche
und wie viele Maschinen in Mehrmaschinenarbeit von wieviel Mitarbeitern bedient werden und welche Tätigkeiten die Mitarbeiter
wahrnehmen, ist Aufgabe der Arbeitsplanung. Zur Lösung dieses
Problems gibt es konventionelle Verfahren, Verfahren der Warteschlangentheorie und solche auf Basis der digitalen Simulation.
Die meisten der angeführten Verfahren haben die Ermittlung der
kostengünstigsten Mitarbeiterzahl bei vorgegebener Betriebs-
mittelkonfiguration zum Ziele. Sie sind in den Fällen einsetzbar, in denen nur zwei Zeitarten (Nebenzeit und Prozeßzeit)
berücksichtigt werden müssen.

Bis heute ist noch kein rechnerunterstütztes Verfahren bekannt,
in dem im Sinne einer Arbeitserweiterung und Arbeitsbereicherung zusätzliche Arbeitsinhalte wie Qualitätsprüfung, Rüsten,
Störungsbeseitigung einbezogen werden können. Ebenso lassen
sich in diesen Verfahren keine Randbedingungen wie die Auslastung der Betriebsmittel bei einer alternativen Systembe-
trachtung berücksichtigen. Auswirkungen des Leistungsgrades auf
die Ausbringung können mit Hilfe der vorhandenen Verfahren nur
unzulänglich oder gar nicht untersucht werden. Dies gilt in
gleichem Maße für die Ermittlung der Vorgabezeiten.

Ziel dieser Arbeit war es deshalb, ein Modell zu entwickeln,
mit dem Mehrmaschinenarbeitssysteme unter Berücksichtigung
alternativer Arbeitsinhalte und Arbeitsverteilung, von Störungen,

alternativer Bedienstrategien und alternativer Systemgrößen
simuliert und die Ergebnisse einander gegenübergestellt werden können. Des weiteren soll es das Modell ermöglichen, Einflüsse des Leistungsgrades aufzuzeigen, Vorgabezeiten zu ermitteln und das Tätigkeitsprofil der Mitarbeiter darzustellen.

Die dem Modell zugrundegelegten Forderungen und Verknüpfungen
basieren auf Expertenbefragungen in Unternehmen der Branchen
Maschinenbau, Fahrzeugbau und der Elektrotechnischen Industrie.

Da die Planung von Mehrmaschinenarbeit, wie eine Analyse gezeigt hat, neben kreativen Planungsphasen einen hohen Anteil
an logisch-formalen Berechnungen aufweist, erschien der Einsatz der EDV, im Dialogverkehr gesteuert, sinnvoll.

Aufbauend auf diesen Überlegungen wurde im Rahmen dieser Arbeit ein überbetrieblich einsetzbares Programmsystem zur Simulation von Mehrmaschinenarbeit in flexiblen Arbeitsstrukturen
entwickelt.

Die für den Rechnerlauf notwendigen Daten und Variablen können
im Dialog eingegeben werden. Durch den Dialog zwischen Mensch
und Rechner ist es dem Planer jederzeit möglich, in den Pla-
nungslauf korrigierend einzugreifen oder aber noch eine zusätzliche Variante vom Rechner erstellen zu lassen. Ergebnisse
sind die auf Basis der Simulation je Alternative ermittelten
Brachzeiten, Nutzungszeiten, Stückzahlen, Wartezeiten, Tätigkeitsprofile und Kosten. Sie bilden die Entscheidungsgrundlage
für den Arbeitsplaner bei der Auswahl des Arbeitssystems. Die
während eines Rechnerlaufs ermittelte kostengünstigste Arbeitssystemalternative wird gekennzeichnet und im Ergebnisprotokoll
am Schluß getrennt angegeben.

Mit dem Einsatz des Programmsystems können, wie vom Verfasser
dieser Arbeit nachgewiesen wird, die Planungskosten gesenkt,
die Planungsgeschwindigkeit erhöht und die Planungsqualität
verbessert werden. Ebenso lassen sich mit dem Einsatz des
Rechners Rechenfehler und die damit verbundenen Fehlentschei-
dungen ausschließen. Außerdem wird eine Reproduzierbarkeit

der Ergebnisse erzielt.

Eingesetzt und ausgetestet wurde das Programmsystem in drei
Firmen unterschiedlicher Branchen. Dabei wurde festgestellt,
daß Arbeitsstrukturierungsziele und wirtschaftliche Ziele
bei richtiger Auslegung der Arbeitssysteme nicht gegenläufig
sind.

ANHANG

A 1   ERGÄNZUNGEN ZUR BESCHREIBUNG DES PROGRAMMSYSTEMS SIMEMA

In Kapitel 5.2 wurden die wichtigsten Programmodule und ihre
Algorithmen beschrieben. Zur Ergänzung sollen im folgenden
drei weitere Programmodule vorgestellt werden.

A 1.1   Programmanlauf

Bild 47 zeigt den Programmanlauf, der im folgenden kurz erläu-
tert werden soll. Im Dialogverkehr wird, wie in Kapitel 5.2.1
angeführt, die Beschreibung der Mehrmaschinenarbeitssysteme
und die Eingabe der variablen Daten vorgenommen.

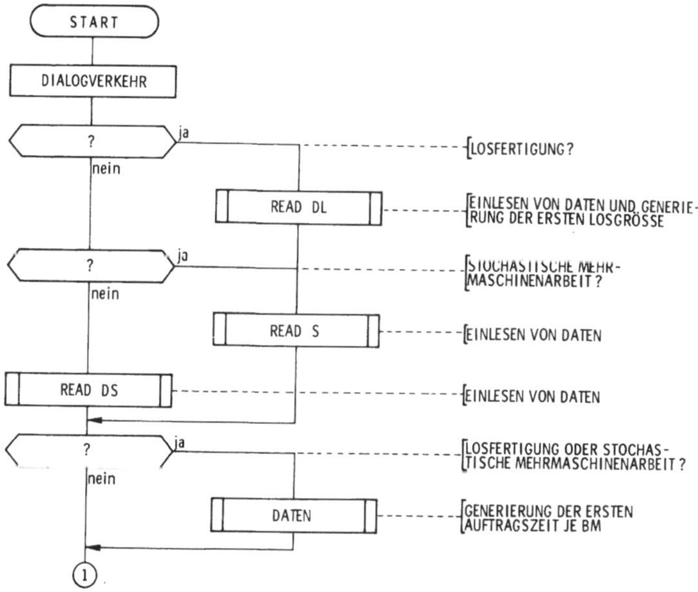

Bild 47: Ablaufschema des Programmanlaufs

Nach Eingabe der Variablen erfolgt der automatische Rechnerlauf.
Je nachdem, ob eine Losfertigung, Massenfertigung oder stochastische Mehrmaschinenarbeit vorliegt, werden aus unterschiedlichen Dateien die für den Lauf benötigten Daten eingelesen.

Im Anschluß an das Einlesen hat die Erzeugung der Ausgangssituation entsprechend Kapitel 5.2.1 zu erfolgen.

A 1.2 Maschinenstörung

Tritt während einer betriebsmittelbezogenen Verrichtungs- oder Prozeßzeit eine Maschinenstörung auf, so hat der Programmodul Maschinenstörung in Funktion zu treten. Auslöser hierzu ist der Störabstand (Zeitraum zwischen zwei Störungen).

Der Störabstand wird jeweils mit Hilfe des gleichverteilten Zufallszahlengenerators entsprechend Kapitel 4.7 und 5.3 generiert. Die Generierung des ersten Störabstandes erfolgt im Programmmodul "Erzeugung eines Ausgangszustandes". Weitere Störabstände werden jeweils im Anschluß an eine Störbeseitigung erzeugt.

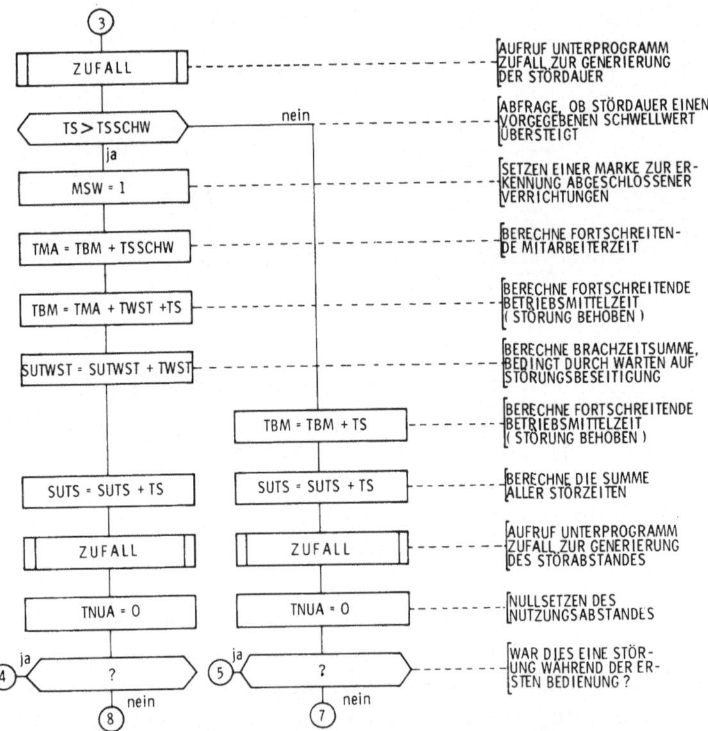

Bild 48: Maschinenstörung

Erster Schritt im Ablauf des Programmoduls "Maschinenstörung",
d.h. wenn eine Maschinenstörung aufgetreten ist, ist die Ab-
leitung der Stördauer analog dem Störabstand.

Die Entscheidung, ob die Störung von dem Maschinenarbeiter oder
durch spezielles Reparaturpersonal beseitigt wird, geschieht
mit dem Abgleich von Stördauer (TS) und einem sogenannten
"Schwellwert (TSSCHW)". Ist die Stördauer kleiner der Variablen
TSSCHW, wird die Störung von den Maschinenarbeitern behoben.
Bei einer Maschinenstörung größer dem Schwellwert geschieht die
Störungsbeseitigung - unter Berücksichtigung der variablen
"Informations-Warte- und Wegzeit auf Reparaturpersonal TWST" -
durch spezielles Reparaturpersonal.

Mit der Einführung des "Schwellwertes" wird somit eine prakti-
kable und flexibel steuerbare Handhabe der Organisation der
Störungsbeseitigung erzielt. Wird der Variablen TSSCHW der Wert
O. zugeordnet, so geschieht die ganze Störungsbeseitigung durch
spezielles Reparaturpersonal. Höhere TSSCHW-Werte bedingen eine
Störungsbeseitigung durch die Maschinenarbeiter. Zwischenwerte
ermöglichen, daß kleinere Störungen, wie z.B. Werkzeug nachstellen, durch den Maschinenarbeiter und größere Störungen,
wie z.B. Steuerventil wechseln, durch das Reparaturpersonal beseitigt werden. Der Wert TSSCHW gibt dabei jeweils die Grenze
an, bis zu der die Maschinenarbeiter die Störungsbeseitigung
selbst vornehmen.

A 1.3 <u>Aufbereiten der Ergebnisse</u>

Bei Erreichen der zu simulierenden Produktionszeit müssen entsprechend dem in <u>Bild 49</u> vorgestellten Ablaufplan von allen
mitarbeiterbezogenen Daten die Prozent- und Durchschnittswerte
gebildet werden. Benötigt werden die Prozent- und Durchschnittswerte für das Tätigkeitsprofil der Maschinenarbeiter - als Bestandteil des Ergebnisprotokolls - und für die Kostenrechnung,
sofern diese erwünscht ist.

Nach dem Errechnen der Durchschnitts- und Prozentwerte werden
alle im Programm verwendeten Ausgangsdaten wie Prozeßzeiten

und Variablen zu Dokumentations- und Kontrollzwecken ausgedruckt. Anschließend erfolgt - wie schon unter 5.2.9 beschrieben - die Dokumentation der Ergebnisse und, sofern gewünscht,
die Kostenrechnung. Die Auswahl des kostenoptimalen Systems
geschieht auf Basis der mittleren Fertigungs- und Arbeits-
stückkosten oder nach einer Systemkennzahl. Die Systemkennzahl wird aus dem Verhältnis von entgangenem Deckungsbeitrag
durch Brach- und Wartezeiten und den Fertigungs- oder Arbeits-
stückkosten abgeleitet.

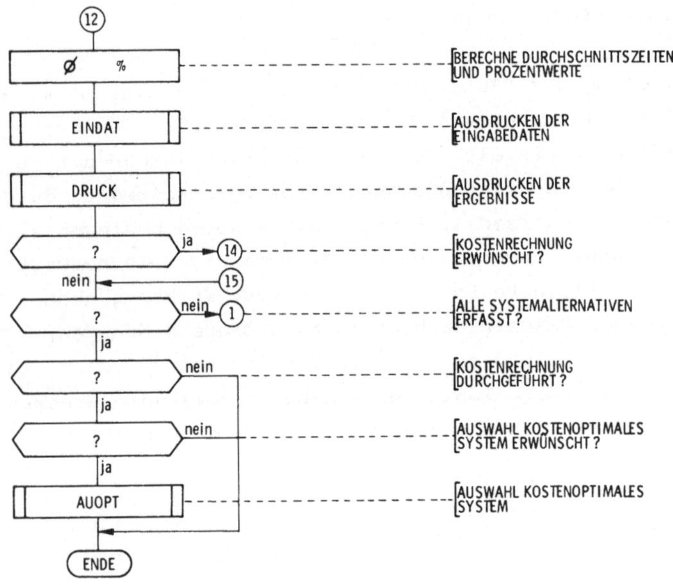

Bild 49: Aufbereiten und Druck der Ergebnisse

A2   <u>RECHNERPROTOKOLL</u>

Zur Verdeutlichung des Kapitels 5.2.9 soll ein vollständiges
Rechnerprotokoll für den Planungsfall 1 (deterministische
Mehrmaschinenarbeit) beispielhaft vorgestellt werden. Auf
eine Wiedergabe eines Rechnerprotokolls einer stochastischen
Mehrmaschinenarbeit wurde verzichtet, da der Aufbau identisch
ist. Das Rechnerprotokoll ist gegliedert in

  o Dokumentation der Eingangsdaten und
  o Dokumentation der Ergebnisse

A2.1 <u>Eingangsdaten</u>

Um jederzeit die dem Rechnerlauf zugrundegelegten Daten nach-
prüfen zu können, wurde das Programmsystem SIMEMA so ausgelegt,
daß beim ersten Aufruf des Unterprogramms DRUCK alle Eingangsdaten dokumentiert werden (<u>Bild 50</u>):

```
(  LS*HAEUSERMANN        15.02.79 120805ST                              S.    ?

**************************************************************************************
*                                                                                  *
*   IFF - IPA       *    SIMULATION        *      DATUM        BEARBEITER           *
*   UNI STUTTGART    *  MEHRMASCHINENARBEIT *    1979-02-15                         *
*                                                                                  *
**************************************************************************************
*                                                                                  *
*   BENENNUNG DES ARBEITSSYTEMS  :  LAGERSCHILDFERTIGUNG                            *
*                                                                                  *
**************************************************************************************


DOKUMENTATION DER EINGANGSDATEN :
-----------------------------------


**************************************************************************************
*                                                                                  *
*  BETRIEBSMITTEL     TH      TH      TVS     TVS1    TVS2     TVP     TVP1    TVP2  *
*                     MIN     MIN     MIN     MIN     MIN      MIN     MIN     MIN   *
*                                                                                  *
*------------------------------------------------------------------------------------
*                                                                                  *
*   BM  1            5.00    0.84    0.0     0.67    99.99    0.84    .67     0.0    *
*                                                                                  *
*   BM  2            5.03    0.67    0.0     0.67    99.99    0.67    .67     0.0    *
*                                                                                  *
*   BM  3            5.34    0.50    0.0     0.67    99.99    0.50    .67     0.0    *
*                                                                                  *
*   BM  4            5.17    0.50    0.0     0.67    99.99    0.50    .67     0.0    *
*                                                                                  *
*   BM  5            5.17    0.50    0.0     0.67    99.99    0.50    1.00    0.0    *
*                                                                                  *
**************************************************************************************


**************************************************************************************
*                 I MASCHINENMIN.SAETZE I            STUECKZAHL BIS     I          I *
* BETRIEBSMITTEL  I FIXER    IVARIABLER I            ZUR TAETIGKEIT     IPRIORITAETI *
*                 I ANTEIL   I ANTEIL   I   VS1   I   VR2   I   VP1  I   VP2  I     I *
*                 I          I          I         I         I        I        I     I *
*------------------------------------------------------------------------------------
*                 I          I          I         I         I        I        I     I *
*   BM  1         I  0.60    I  0.40    I   10    I  100    I   5    I   0    I  2  I *
*                 I          I          I         I         I        I        I     I *
*   BM  2         I  0.60    I  0.40    I   10    I  100    I   5    I   0    I  2  I *
*                 I          I          I         I         I        I        I     I *
*   BM  3         I  0.60    I  0.40    I   10    I  100    I   5    I   0    I  2  I *
*                 I          I          I         I         I        I        I     I *
*   BM  4         I  0.60    I  0.40    I   10    I  100    I   5    I   0    I  2  I *
*                 I          I          I         I         I        I        I     I *
*   BM  5         I  0.60    I  0.40    I   10    I  100    I   5    I   0    I  1  I *
*                 I          I          I         I         I        I        I     I *
**************************************************************************************


**************************************************************************************
*                                                                                  *
*                           MITTLERE     MITTLERER                                  *
*  BETRIEBSMITTEL  SCHNELLWERT STOERDAUER STOERABSTAND                              *
*                     MIN        MIN        MIN                                     *
*                                                                                  *
*------------------------------------------------------------------------------------
*                                                                                  *
*   BM  1           4.00       2.00      40.00                                      *
*                                                                                  *
*   BM  2           4.00       2.00      40.00                                      *
*                                                                                  *
*   BM  3           4.00       2.00      40.00                                      *
*                                                                                  *
*   BM  4           4.00       2.00      40.00                                      *
*                                                                                  *
*   BM  5           4.00       2.00      40.00                                      *
*                                                                                  *
*------------------------------------------------------------------------------------
*                                                                                  *
*  WARTEZEIT AUF STOERUNGSBESEITIGUNG DURCH SPEZ. REPARATURPERSONAL :   3.00  MIN   *
*                                                                                  *
*  LOHNKOSTEN MASCHINENBEDIENER :  0.40 DM/MIN                                      *
*                                                                                  *
*  LOHNKOSTEN EINRICHTER         :  0.50 DM/MIN                                     *
*                                                                                  *
**************************************************************************************
```

Bild 50: Dokumentation der Eingangsdaten

A2.2 Ergebnisse

Nach der Simulation einer jeden Systemalternative erfolgt
das Ausdrucken der Ergebnisse. Der Ergebnisausdruck ist
gegliedert in

- o betriebsmittelbezogene Daten wie Nutzungszeit,
  Brachzeit, Störzeit, Stückzahl (Bild 51),
- o mitarbeiterbezogene Daten wie Tätigkeitsprofil
  für Einrichter und Maschinenarbeiter (Bild 52),
- o Kostendaten: Die Kostendaten werden nur ausge-
  rechnet, wenn eine Kostenrechnung erwünscht ist.
  Man kann dabei wählen zwischen einer Fertigungs-
  stückkostenrechnung und einer Differenzrechnung,
  die die entgangenen Deckungsbeiträge, verursacht
  durch Brach- und Wartezeiten, aufzeigt (Bild 53).

```
DOKUMENTATION DER ERGEBNISSE :
--------------------------------

************************************************************************************************

               KENNZEICHEN  DES  ARBEITSSYSTEMS

               ANZAHL     MITARBEITER    :  2

               ANZAHL     BETRIEBSMITTEL :  5

               ANZAHL     EINRICHTER     :  1

               SIMULATIONSDAUER          :  9999.99  MIN
```

BETR.MITTEL	SUTN MIN	SUTI MIN	SUTVS MIN	SUTVS1 MIN	SUTVS MIN	SUTVP MIN	SUTVP1 MIN	SUTVP2 MIN	SUVR MIN	SUTP MIN	SUTBR MIN
BM 1	7030.00	1111.04	0.0	0.0	0.0	1181.04	235.17	0.0	0.0	399.95	696.04
BM 2	7172.55	994.95	0.0	0.0	0.0	994.95	248.57	0.0	0.0	399.96	756.24
BM 3	7641.54	715.50	0.0	0.0	0.0	715.50	239.10	0.0	0.0	399.90	639.22
BM 4	7928.45	643.00	0.0	0.0	0.0	642.50	215.07	0.0	0.0	399.96	420.15
BM 5	7811.22	643.00	0.0	0.0	0.0	633.00	316.00	0.0	0.0	399.96	519.90

BETRIEBSMITTEL	SUTS MIN	SUTWST MIN	STUECK	STUECK/H	ENDZEIT BM (MIN)
BM 1	443.09	111.00	1406	8.44	9999.07
BM 2	423.15	105.00	1485	8.61	9997.86
BM 3	392.19	84.00	1431	8.59	10000.41
BM 4	423.09	75.00	1285	7.71	9995.95
BM 5	413.72	93.00	1266	7.60	9998.00

Bild 51: Betriebsmittelbezogene Ergebnisdaten

```
****************************************************************************************
*                                                                                      *
*              TAETIGKEITSPROFIL  DER  MITARBEITER                                      *
*                                                                                      *
****************************************************************************************
*            I              I             I              I                I            *
*  BEDIENER  I  WARTEZEIT    I  WEGZEITEN   I  NEBENZEITEN  I VERRICHTUNGSZ.  I VERRICHTUNGSZ. *
*            I              I             I              I BEI PRODUZ. BM.  IBEI STEHENDEM BM.*
*            I              I             I              I                I            *
*            I  MIN   I   %  I  MIN  I  %  I  MIN  I  %    I  MIN  I   %    I  MIN  I   %  *
*            I              I             I              I                I            *
*---------------------------------------------------------------------------------------*
*            I              I             I              I                I            *
*    MA  1   I 3313.40I 36.12I 696.40I 6.77I 2060.89I 20.62I 2691.78I 26.93I  0.0 I  0.0 *
*            I              I             I              I                I            *
*    MA  2   I 3373.33I 35.80I 703.20I 7.04I 2106.60I 21.08I 2729.21I 27.30I  0.0 I  0.0 *
*            I              I             I              I                I            *
*---------------------------------------------------------------------------------------*
*            I              I             I              I                I            *
* DURCHSCHNITTL. I 3394.35I 35.96I 699.80I 7.00I 2083.75I 20.85I 2710.50I 27.12I  0.0 I  0.0 *
*            I              I             I              I                I            *
****************************************************************************************
*            I              I             I              I                I            *
* EINRICHTER I VORRUESTZEIT I  RUESTZEIT  I  WARTEZEIT   I                I            *
*            I              I             I              I                I            *
*---------------------------------------------------------------------------------------*
*            I              I             I              I                I            *
*    ER  1   I     0.0      I   1999.80   I   7469.40    I                I            *
*            I              I             I              I                I            *
****************************************************************************************


****************************************************************************************
*                                                                                      *
*  MASCH.BEDIENER  EINZEIT MA (MIN)                                                     *
*                                                                                      *
*--------------------------------------------------------------------------------------*
*                                                                                      *
*    MA  1         9394.91                                                              *
*    MA  2         9395.57                                                              *
*                                                                                      *
****************************************************************************************
```

Bild 52: Mitarbeiterbezogene Ergebnisdaten

```
ARBEITSKOSTEN (UND) ARBEITSSTUECKKOSTEN   ( BZW. FERTIGUNGSKOSTEN UND FERTIGUNGSSTUECKKOSTEN )
```

BETRIEBS-MITTEL	MASCHINENKOSTEN		BEDIENERKOSTEN		EINRICHTERKOSTEN		ARBEITS-(FERTIGUNGS-) KOSTEN	
	DM	DM/STUECK	DM	DM/STUECK	DM	DM/STUECK	DM	DM/STUECK
BM 1	9725.20	6.9169	1729.76	1.3795	199.98	0.1422	11654.93	8.4317
BM 2	9697.49	6.5303	1678.65	1.1294	199.98	0.1347	11576.12	7.7954
BM 3	9737.90	6.8050	1280.92	0.8691	199.98	0.1397	11218.80	7.8398
BM 4	9831.93	7.6513	1162.20	0.9044	199.98	0.1556	11194.11	8.7114
BM 5	9792.03	7.7346	1219.19	0.9690	199.98	0.1580	11211.21	8.8556

```
ARBEITS- (FERTIGUNGS-) KOSTEN DES SYSTEMS              :        57055.18  DM

ARBEITS- (FERTIGUNGS-) STUECKKOSTEN DURCHSCHNITTLICH   :         8.3013  DM/STUECK
```

```
EIGENGENER DECKUNGSBEITRAG (EDB) DURCH BRACH- UND WARTEZEITEN
```

BETRIEBSMITTEL	EDB DURCH BRACHZEIT	EDB DURCH WARTEZEIT MB	EDB DURCH WARTEZEIT ER	EDB GESAMT	ARBEITS-(FERTI-GUNGS-) KOSTEN	NUTZUNGS-KENNZAHL
	DM/STUNDE	DM/STUNDE	DM/STUNDE	DM/STUNDE	DM/STUNDE	
BM 1	2.47	4.67	0.0	7.15	71.13	89.95 %
BM 2	2.72	4.03	0.0	6.75	69.46	90.28 %
BM 3	2.36	3.01	0.0	5.36	67.31	92.03 %
BM 4	1.51	2.70	0.0	4.21	67.16	93.73 %
BM 5	1.87	2.85	0.0	4.72	67.27	92.99 %

```
EIGENGENER DECKUNGSBEITRAG DURCH BRACH- UND WARTEZEITEN  (SYSTEM)  :     28.19   DM/STUNDE

ARBEITS- (FERTIGUNGS-) KOSTEN                                      :    342.33   DM/STUNDE

SYSTE NUTZUNGSKENNZAHL                                             :     91.76   %
```

Bild 53: Kostenrelevante Ergebnisdaten

Die Auswahl des fertigungskostenoptimalen Systems erfolgt,
wenn alle Alternativen simuliert wurden. Der Programmmodul tritt nur in Aktion, wenn mindestens zwei Alternativen
vorliegen und ein Kostenrechnungsprogramm gewünscht wurde.
Bild 54 zeigt die Beschreibung der fertigungsoptimalen Alternative.

```
ARBEITSSYSTEM  MIT  MINIMALEN  DURCHSCHNITTLICHEN  STUECKKOSTEN

KENNZEICHEN :         ANZAHL     MITARBEITER       :      2

                      ANZAHL     BETRIEBSMITTEL    :      5

                      ANZAHL     EINRICHTER        :      1

                      DURCHSCHNITTLICHE STUECKKOSTEN :   8.3013  DM/STUECK
```

Bild 54: Beschreibung der fertigungskostenoptimalen Alternative

A 3   TEST DES EINGESETZTEN ZUFALLSZAHLENGENERATORS

Um derzeitig auf dem Markt angebotene Zufallszahlengeneratoren
auf ihre Gleichverteilung EDV-anlagenbezogen auszutesten, wurde
ein Generatorentestprogramm zum Test von Zufallszahlen auf
ihre Gleichverteilung geschrieben. Mit Hilfe des Testprogramms
kann gleichzeitig die für eine statistische Absicherung er-
forderliche Mindestanzahl an zu erzeugenden Zufallszahlen
abgeleitet werden.

Das Testprogramm ist so aufgebaut, daß in einem ersten Schritt
die generierten Zufallszahlen ausgedruckt werden. Nach dem
Ausdrucken der Zufallszahlen erfolgen der optische Test und
drei statistische Tests.

Am besten geeignet für das Programmsystem SIMEMA erschien
aufgrund der Testergebnisse die Erzeugung von Zufallszahlen
mit Hilfe der multiplikativen Konkurrenzmethode /46/.
Bild 55 zeigt einen Auszug aus einer nach diesen Methoden
generierten Zufallszahlenreihe.

```
0105*HAEUSERMANN          24.01.77 1006045                              S.    20


EINLESEN VON LAUF UND AWERT


ANZAHL DER ZUFALLSZAHLEN =  500
AUSGANGSWERT =1234567,87


ZUFALLSZAHLEN
   0.83772212     0.53144513     0.56303878     0.34394061     0.27781402     0.24338894     0.09891443
   0.52468750     0.30731035     0.88403020     0.19233894     0.13935190     0.70123044     0.02289149
   0.17549314     0.06577331     0.69701305     0.01459104     0.96293533     0.35358813     0.43657850
   0.11397189     0.97291412     0.36872365     0.44257183     0.52127997     0.86581929     0.76403603
   0.22475220     0.35523672     0.71484783     0.27832021     0.09376268     0.69678630     0.38373500
   0.37772548     0.01561137     0.37199325     0.59076264     0.88263325     0.77431703     0.14351956
   0.27742256     0.95561910     0.35462288     0.05647492     0.73955501     0.95729326     0.45754198
   0.10325715     0.76344813     0.64248546     0.89110450     0.38550055     0.23861508     0.65493581
   0.70139563     0.34135543     0.88640618     0.41683093     0.96653310     0.25613565     0.82126255
   0.25054232     0.52233222     0.00450350     0.58702767     0.48288556     0.41357812     0.36844146
   0.19523480     0.03763636     0.57844233     0.13357495     0.36468990     0.67275233     0.76664983
   88150415       0.77253135     0.64222271     0.28707588     0.76356050     0.64121806     0.35704409
   91104          0.51553155     0.31830487     0.16880190     0.80722006     0.40850415     0.08965444
   132            0.13173520     0.73275795     0.27638552     0.4.....                 ...93     0.72531043
                  0.22393139     0.08430020     0.60196195                                       0.91849033
                  0.77167114     0.43500506     0.5504..                                         36169141
                  ..16?9?0       0.76075616     .                                                .466
```

Bild 55: Auszug aus den generierten Zufallszahlen

Die Ergebnisse der Tests auf Gleichverteilung bei 500 generierten Zufallszahlen des eingesetzten Generators sind in den <u>Bildern</u> <u>56</u> und <u>57</u> zusammengestellt.

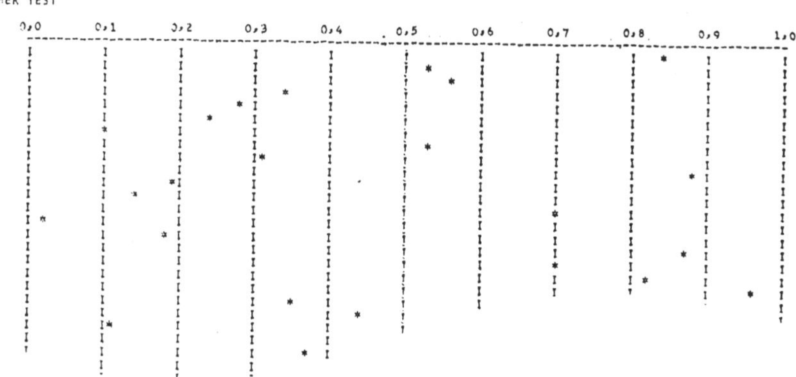

<u>Bild 56</u>: Auszug aus den optischen Tests des
           verwendeten Zufallszahlengenerators

0105%HAEUSERMANN   24.01.7) 190604S   S,   31

ARITHMETISCHES MITTEL =0,5105325

KOLMOGOROW-SMIRNOW-TEST QN-WERT =0,0417229

CHI-QUADRAT-TEST   CHI-QUADRAT = 13,4800 BEI 9 FREIHEITSGRADEN,

---

VERTEILUNG DER ZUFALLSZAHLEN IN DEN SPALTEN

WENN DIE ZUFALLSZAHLEN GLEICHVERTEILT SEIN SOLLEN, MUESSEN IN JEDER SPALTE 500/10 =   50,00 ZUFALLSZAHLEN SEIN.
TATSAECHLICH SIND IN DEN BEREICH ZWISCHEN

        0,0 UND 0,0999   45
        0,1 UND 0,1999   52
        0,2 UND 0,2999   55
        0,3 UND 0,3999   41
        0,4 UND 0,4999   41
        0,5 UND 0,5999   54
        0,6 UND 0,6999   48
        0,7 UND 0,7999   57
        0,8 UND 0,8999   57
        0,9 UND 1,0   40   ZAHLEN,

<u>Bild 57</u>: Ergebnisse der mathematischen Tests
           des Zufallszahlengenerators

Führt man diese Tests nacheinander für 10, 20, 50, 100, 500, 1000 erzeugte Zufallszahlen durch, so zeigt sich, daß in keinem Fall die Tests einen Grund liefern, die Gleichverteilungshypothese abzulehnen. Man kann also annehmen, daß der Zufallszahlengenerator ab 10 generierten Zufallszahlen statistisch gesicherte Ergebnisse liefert (<u>Bild 58 und 59</u>).

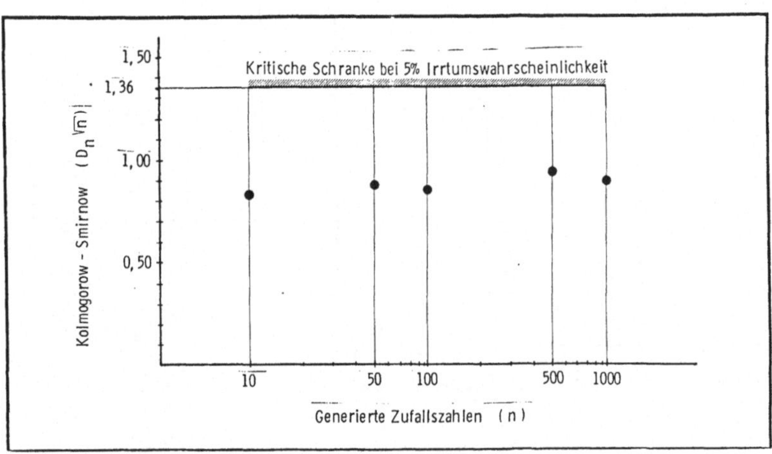

<u>Bild 58</u>:   Kolmgorow -Smirnow - Test des Zufallszahlengenerators

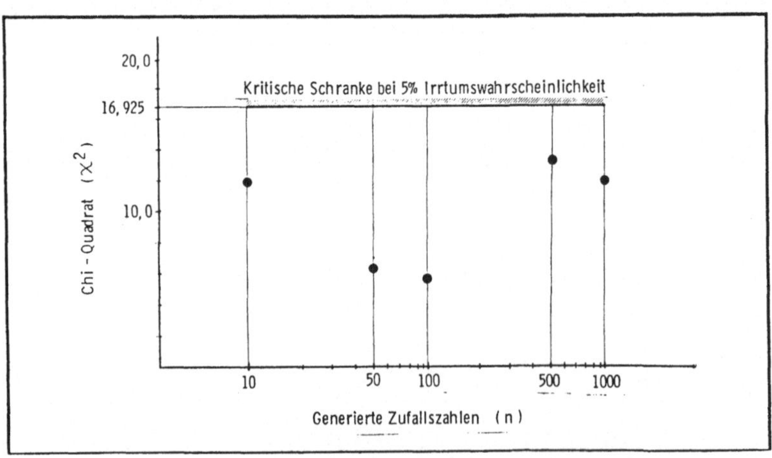

<u>Bild 59</u>:   Chi - Quadrat - Test des Zufallszahlengenerators

IPA Forschung und Praxis

Schriftenreihe aus dem Institut für Produktionstechnik und Automatisierung, Stuttgart

Herausgeber: Prof. Dr.-Ing. H. J. Warnecke

Datenerfassung im Produktionsbereich
Von E. Bendeich. ISBN 3-7830-0117-8.
1977, 176 Seiten, kartoniert.
54,— DM

Methodenauswahl für die Materialbewirtschaftung in Maschinenbau-Betrieben
Von H. Graf. ISBN 3-7830-0136-6.
1977, 144 Seiten, kartoniert.
54,— DM

Systematische Auswahl von Förderhilfsmitteln für den innerbetrieblichen Materialfluß
Von W. Rau. ISBN 3-7830-0139-0.
1977, 103 Seiten, kartoniert.
40,— DM

Grundlagen zur Planung von Ersatzteilfertigungen
Von E. Schulz. ISBN 3-7830-0138-2.
1977, 98 Seiten, kartoniert.
40,— DM

Rechnerunterstützte Fabrikplanung
Von B. Minten. ISBN 3-7830-0116-1.
1977, 124 Seiten, kartoniert.
38,— DM

Eine Planungsmethode für automatische Montagesysteme
Von H.-G. Löhr. ISBN 3-7830-0120-X.
1977, 108 Seiten, kartoniert.
32,— DM

Planung und Bewertung von Arbeitssystemen in der Montage
Von H. Metzger. ISBN 3-7830-0131-5.
1977, 108 Seiten, kartoniert.
40,— DM

Klassifizierungssystem für Prüfmittel der industriellen Längenprüftechnik
Von R. Czetto. ISBN 3-7830-0144-7.
1978, 181 Seiten, kartoniert.
64,— DM

Rechnerunterstützte Montageplanung
Von O. Hirschbach. ISBN 3-7830-0149-8.
1978, 146 Seiten, kartoniert.
52,— DM

Rechnerunterstützte Entwicklung von Simulationsmodellen für Unternehmensplanspiele
Von A. Moker. ISBN 3-7830-0147-1.
1978, 181 Seiten, kartoniert.
64,— DM

Arbeitsplatzanalysen zur Ermittlung der Einsatzmöglichkeiten und Anforderungen an Industrieroboter
Von G. Herrmann. ISBN 37830-0151-X.
1978, 113 Seiten, kartoniert.
40,— DM

MFSP — Ein Verfahren zur Simulation komplexer Materialflußsysteme
Von G. Stemmer. ISBN 3-7830-0118-8.
1977, 140 Seiten, kartoniert.
60,— DM

Berührungslose Erkennung durch Positionsbestimmung von Objekten durch inkohärent-optische Korrelation
Von M. König. ISBN 3-7830-0137-4.
1977, 110 Seiten, kartoniert.
40,— DM

Auslegung von Störungspuffern in kapitalintensiven Fertigungslinien
Von R. v. Stetten. ISBN 3-7830-0140-4.
1977, 154 Seiten, kartoniert.
56,— DM

Flexible Transportablaufsteuerung
Von G. Römer. ISBN 3-7830-0114-5.
1977, 188 Seiten, kartoniert.
60,— DM

Rechnergestützte Realplanung von Fabrikanlagen
Von T.-K. Sauter. ISBN 3-7830-0119-6.
1977, 108 Seiten, kartoniert.
32,— DM

Systematisches Auswählen und Konzipieren von programmierbaren Handhabungsgeräten
Von R. D. Schraft. ISBN 3-7830-0115-3.
1977, 108 Seiten, kartoniert.
32,— DM

Auslandsproduktion
Von W. Cypris. ISBN 3-7830-0145-5.
1978, 126 Seiten, kartoniert.
42,— DM

Wirtschaftlicher Einsatz von Mehrkoordinatenmeßgeräten
Von M. Dietzsch. ISBN 3-7830-0148-X.
1978, 142 Seiten, kartoniert.
52,— DM

Fertigungssteuerung bei flexiblen Arbeitsstrukturen
Von K.-G. Lederer. ISBN 3-7830-0146-3.
1978, 128 Seiten, kartoniert.
42,— DM

Untersuchungen zum Polieren und Entgraten durch elektrochemisches Oberflächenabtragen
Von K. Zerweck. ISBN 3-7830-0150-1.
1978, 110 Seiten, kartoniert.
40,— DM

IPA Forschung und Praxis

Berichte aus dem Fraunhofer-Institut für Produktionstechnik und Automatisierung, Stuttgart, und dem Institut für Industrielle Fertigung und Fabrikbetrieb der Universität Stuttgart

Herausgeber: Prof. Dr.-Ing. H. J. Warnecke

38 **Arbeitsgangterminierung mit variabel strukturierten Arbeitsplänen — Ein Beitrag zur Fertigungssteuerung flexibler Fertigungssysteme**
Von U. Maier. ISBN 3-540-10213-2.
1980, 111 Seiten mit 45 Abbildungen.
43,— DM

39 **Kapazitätsabgleich bei flexiblen Fertigungssystemen**
Von P. S. Nieß. ISBN 3-540-10372-4.
1980, 151 Seiten mit 57 Abbildungen.
48,— DM

40 **Schichtdickenverteilung auf galvanisierten Paßteilen am Beispiel kleiner abgesetzter Wellen und Bohrungen**
Von D. Wolfhard. ISBN 3-540-10373-2.
1980, 177 Seiten mit 83 Abbildungen.
48,— DM

41 **Planung von Mehrstellenarbeit unter Berücksichtigung von Umfeldaufgaben**
Von S. Häußermann. ISBN 3-540-10374-0.
1980, 136 Seiten mit 59 Abbildungen.
48,— DM

42 **Untersuchungen zur Schmierfilmdicke in Druckluftzylindern — Beurteilung der Abstreifwirkung und des Reibungsverhaltens von Pneumatikdichtungen mit Hilfe eines neu entwickelten Schmierfilmdicken-meßverfahrens**
Von R. Köhnlechner. ISBN 3-540-10375-9.
1980, 100 Seiten mit 38 Abbildungen und 4 Tabellen.
43,— DM

43 **Typologie zum überbetrieblichen Vergleich von Fertigungssteuerungsverfahren im Maschinenbau**
Von G. Rabus. ISBN 3-540-10376-7.
1980, 174 Seiten mit 88 Abbildungen und 21 Tafeln.
48,— DM

44 **System zur Planung des Umlaufbestandes in Betrieben mit Serienfertigung**
Von K.-G. Wilhelm. ISBN 3-540-10377-5.
1980, 142 Seiten mit 67 Abbildungen und 15 Tafeln.
48,— DM

Die Berichte 38 und folgende sind zu beziehen durch den Springer-Verlag, Berlin Heidelberg New York